电工电子基础课程系列教材

模拟电路设计与系统综合训练

主　编　程春雨　　商云晶　　刘　倩

副主编　马　驰　　吴雅楠　　王　洁

主　审　吴振宇

参　编　秦晓梅　　周晓丹　　高庆华

　　　　贺　鑫　　原一丹

U0294165

电子工业出版社
Publishing House of Electronics Industry
北京 · BEIJING

内 容 简 介

本书是参照现行普通高等理工科院校电子类相关专业模拟电子线路综合设计实验教学大纲、模拟电子技术实验教材、电子系统综合设计参考教材等编写而成的。全书共 13 章，内容由浅入深，既包括二极管、三极管及其应用电路设计与分析等基础实验内容，又包括音响系统、多波形信号发生器等综合设计类实验内容。以提高学生实践能力为目的，提高了综合设计类实验的比例。各实验项目紧密结合教学实际，并适当融入了工程应用实例。

本书可作为电气工程及其自动化、电子信息工程、电子科学与技术、通信工程、微电子科学与工程、光电信息科学与工程、信息工程、自动化、计算机科学与技术、测控技术与仪器等专业的实验教材，也可以作为相关实验教师的参考用书。

图书在版编目（CIP）数据

模拟电路设计与系统综合训练 / 程春雨，商云晶，刘倩主编. —北京：电子工业出版社，2021.6
ISBN 978-7-121-41195-3

Ⅰ. ①模…　Ⅱ. ①程…　②商…　③刘…　Ⅲ. ①模拟电路－高等学校－教材　Ⅳ. ①TN710.4

中国版本图书馆 CIP 数据核字（2021）第 093746 号

责任编辑：王晓庆
印　　刷：北京七彩京通数码快印有限公司
装　　订：北京七彩京通数码快印有限公司
出版发行：电子工业出版社
　　　　　北京市海淀区万寿路 173 信箱　　邮编　100036
开　　本：787×1092　1/16　印张：13.5　　字数：346 千字
版　　次：2021 年 6 月第 1 版
印　　次：2024 年 6 月第 4 次印刷
定　　价：39.80 元

凡所购买电子工业出版社图书有缺损问题，请向购买书店调换。若书店售缺，请与本社发行部联系，联系及邮购电话：（010）88254888，88258888。

质量投诉请发邮件至 zlts@phei.com.cn，盗版侵权举报请发邮件至 dbqq@phei.com.cn。

本书咨询联系方式：（010）88254113，wangxq@phei.com.cn。

前　言

本书是参照现行普通高等理工科院校电子类相关专业模拟电子线路综合设计实验教学大纲、模拟电子技术实验教材、电子系统综合设计参考教材等编写而成的，其中大部分内容是对大连理工大学相关教师多年实践教学工作经验的总结。

本书按 12～48 学时编写，内容主要包括：二极管及其应用电路设计与分析、单管应用电路设计与分析、电源电路设计、压控函数发生器设计、模拟滤波器设计、音响系统设计、基于 555 芯片的电子系统设计、多波形信号发生器设计、晶体三极管输出特性曲线测试系统设计、心电信号数据采集与监护系统设计、直流电机 PWM 调速系统设计、基于 DDS 技术的波形发生器设计、智能饮水机系统设计。每章内容包含相关电子元器件的介绍及其选型方法和电路分析等内容。全书内容是对模拟电子技术基础知识、基本原理的总结与应用，可加强学生对专业知识的掌握与理解，培养学生合理选用电子元器件设计实用电路的能力。

本书提供配套的电子课件 PPT、Multisim 仿真实例等，请登录华信教育资源网（http://www.hxedu.com.cn）注册后免费下载。

全书主要内容由程春雨、商云晶、刘倩、马驰、吴雅楠、王洁负责编写；附录内容由秦晓梅、周晓丹、高庆华负责编写；程春雨对全书内容做了统稿；吴振宇教授对全书内容做了严格的审定，并对本书的编写提出了宝贵的修改意见；原一丹、贺鑫也参与了本书写作素材的提供及实验内容的电路设计及测试工作。本书在编写过程中，还得到了大连理工大学"模拟电子线路"理论教学组组长林秋华教授的支持与指导。在此，对所有帮助过我们的老师及电子工业出版社的王晓庆编辑表示诚挚的谢意。

由于编者水平有限，加之时间仓促，书中难免有不足之处，恳请广大使用者批评指正。

作　者
2021 年 4 月

目 录

第1章 二极管及其应用电路
　　　设计与分析 ……………………1
　1.1 常用二极管电路设计基础 ………1
　　1.1.1 基本特性 …………………1
　　1.1.2 二极管的主要
　　　　　技术参数 ……………3
　1.2 常用二极管及其主要
　　　技术参数 ……………………4
　　1.2.1 整流二极管 ………………4
　　1.2.2 小功率二极管 ……………6
　　1.2.3 肖特基二极管 ……………7
　　1.2.4 发光二极管 ………………8
　　1.2.5 稳压二极管 ………………9
　　1.2.6 双向稳压二极管 …………13
　　1.2.7 双色发光二极管 …………14
　　1.2.8 数码管 ……………………15
　　1.2.9 光电二极管 ………………16
　1.3 实验电路设计 ………………16
　　1.3.1 实验电路 …………………17
　　1.3.2 认识电阻 …………………17
　　1.3.3 测试二极管的伏安
　　　　　（V-I）特性 …………19
　　1.3.4 测试稳压二极管的伏安
　　　　　（V-I）特性 …………19
　　1.3.5 二极管工作特性的
　　　　　比较 …………………20
　　1.3.6 稳压二极管输出带载
　　　　　能力测试 …………………21

第2章 单管应用电路设计与分析 ………22
　2.1 晶体三极管应用电路设计 ………22
　　2.1.1 晶体三极管的
　　　　　引脚判别 …………………22
　　2.1.2 主要技术参数 ………23

2.1.3 传输特性 …………………24
2.1.4 晶体三极管电路
　　　设计 ………………25
2.1.5 常用晶体三极管及其
　　　主要参数 …………………32
2.1.6 NPN 型晶体三极管
　　　实验电路 …………………33
2.2 场效应管应用电路设计 ………36
　2.2.1 FET 基本结构和
　　　　电路符号 ………………36
　2.2.2 主要技术参数 …………37
　2.2.3 传输特性 ………………38
　2.2.4 常用场效应管及其
　　　　主要参数 ………………40
　2.2.5 N 沟道增强型 MOSFET
　　　　电路设计 …………………41
　2.2.6 N 沟道 JFET 单管
　　　　电路 …………………43
2.3 输入/输出阻抗的测量 ………46
　2.3.1 放大电路输入阻抗的
　　　　测量 …………………46
　2.3.2 放大电路输出阻抗的
　　　　测量 …………………48

第3章 电源电路设计 ………………49
3.1 设计要求及注意事项 ………49
　3.1.1 设计要求 ………………49
　3.1.2 注意事项 ………………49
3.2 设计指标 …………………50
3.3 系统设计框图 ………………50
3.4 设计分析 …………………50
　3.4.1 电压变换电路 …………50
　3.4.2 整流电路 ………………52
　3.4.3 滤波电路 ………………54

3.4.4　稳压电路 ················56

第4章　压控函数发生器设计 ····65

4.1　设计要求及注意事项 ·········65
　　4.1.1　设计要求 ···············65
　　4.1.2　注意事项 ···············65
4.2　设计指标 ·····················66
4.3　系统设计框图 ···············66
4.4　设计分析 ·····················67
　　4.4.1　直流电压产生电路 ·······67
　　4.4.2　极性变换电路 ···········68
　　4.4.3　三角波产生电路 ·········71
　　4.4.4　反馈控制信号产生电路和
　　　　　 方波产生电路 ···········73
　　4.4.5　正弦波产生电路 ·········75
　　4.4.6　增益连续可调电压
　　　　　 放大电路 ···············77
　　4.4.7　压控函数发生器电路
　　　　　 原理图 ·················77

第5章　模拟滤波器设计 ········78

5.1　设计要求及注意事项 ·········78
　　5.1.1　设计要求 ···············78
　　5.1.2　注意事项 ···············78
5.2　设计任务 ·····················78
5.3　模拟滤波器的基本概念 ·······79
　　5.3.1　滤波器的常用定义 ·······79
　　5.3.2　滤波器的分类 ···········80
　　5.3.3　传递函数 ···············80
　　5.3.4　传递函数（零极点）反映
　　　　　 滤波器本质 ···········81
5.4　滤波器的设计方法 ···········81
　　5.4.1　单极点 RC 滤波器 ·······82
　　5.4.2　萨伦·基滤波电路 ·······83
5.5　设计举例（以二阶萨伦·基低通
　　 滤波器为例）···············84
　　5.5.1　最大平坦型（巴特沃斯型）
　　　　　 滤波器设计 ···········84
　　5.5.2　等波纹型（切比雪夫型）
　　　　　 滤波器设计 ···········86

5.5.3　高阶滤波器设计 ···········87
5.6　状态变量滤波器 ·············88
5.7　借助软件进行滤波器设计 ·····88
　　5.7.1　Filter Wizard 滤波器
　　　　　 设计向导 ·············88
　　5.7.2　Filter Design Tool 滤波器
　　　　　 设计工具 ·············90
5.8　有源器件（运放）的
　　 局限性 ·····················91

第6章　音响系统设计 ··········92

6.1　设计要求及注意事项 ·········92
　　6.1.1　设计要求 ···············92
　　6.1.2　注意事项 ···············92
6.2　设计指标 ·····················93
6.3　系统设计框图 ···············93
6.4　设计分析 ·····················93
　　6.4.1　语音放大电路 ···········94
　　6.4.2　前置混合放大电路 ·······96
　　6.4.3　音调调整电路 ···········97
　　6.4.4　音量控制电路 ··········103
　　6.4.5　功率放大电路 ··········105
　　6.4.6　电源电路 ··············114
　　6.4.7　音响系统设计电路
　　　　　 原理图 ··············115

**第7章　基于 555 芯片的电子
　　　　系统设计 ·············117**

7.1　设计要求及注意事项 ········117
　　7.1.1　设计要求 ··············117
　　7.1.2　注意事项 ··············117
7.2　555 芯片内部结构及
　　 工作模式 ··················118
　　7.2.1　内部组成 ··············118
　　7.2.2　工作原理 ··············119
　　7.2.3　工作模式 ··············120
7.3　设计举例 ····················123
　　7.3.1　特殊结构的多谐
　　　　　 振荡器 ··············123
　　7.3.2　波形发生器 ············125

7.3.3 延时开关 ············125
7.3.4 开关 ············126
7.3.5 级联电路 ············127
7.4 555 芯片的局限性 ············128

第 8 章 多波形信号发生器设计 ············129
8.1 设计要求 ············129
8.2 设计说明 ············130
8.3 实现方案 ············130
8.3.1 方波产生电路 ············130
8.3.2 4 分频电路 ············131
8.3.3 三角波产生电路 ············132
8.3.4 复合波产生电路 ············133
8.4.5 正弦波产生电路 ············134
8.4 设计总结 ············135

第 9 章 晶体三极管输出特性曲线
测试系统设计 ············137
9.1 设计要求及注意事项 ············137
9.1.1 设计要求 ············137
9.1.2 注意事项 ············138
9.2 设计指标 ············138
9.3 系统设计框图 ············138
9.4 设计分析 ············139
9.4.1 矩形波产生电路 ············139
9.4.2 阶梯波产生电路 ············141
9.4.3 锯齿波产生电路 ············143
9.4.4 电压变换及测试电路 ·····144
9.4.5 晶体三极管输出特性曲线
测试系统电路原理图 ·····145

第 10 章 心电信号数据采集与监护
系统设计 ············146
10.1 心电信号相关知识简介 ·········146
10.1.1 心电信号基本
特性 ············146
10.1.2 心电信号生理学
意义 ············147
10.2 心电信号采集、放大与
处理系统 ············148

10.2.1 心电信号采集
电路 ············148
10.2.2 前置放大电路 ············149
10.2.3 去噪和滤波电路 ············149
10.2.4 混合放大电路 ············152
10.2.5 特征提取 ············153
10.3 硬件电路设计与实现 ············153
10.3.1 设计任务 ············153
10.3.2 系统框图 ············154
10.3.3 硬件实现 ············154

第 11 章 直流电机 PWM 调速
系统设计 ············158
11.1 设计要求及注意事项 ············158
11.1.1 设计要求 ············158
11.1.2 注意事项 ············158
11.2 设计指标 ············159
11.3 系统设计框图 ············159
11.4 设计分析 ············159
11.4.1 数码管显示模块 ············160
11.4.2 直流电机驱动模块 ·····163

第 12 章 基于 DDS 技术的波形
发生器设计 ············166
12.1 设计要求 ············166
12.2 设计指标 ············166
12.3 系统设计框图 ············166
12.4 FPGA 内部电路
设计分析 ············167
12.4.1 参数控制器 ············167
12.4.2 相位累加器 ············168
12.4.3 方波发生器 ············168
12.4.4 三角波发生器 ············169
12.4.5 正弦波发生器 ············169
12.4.6 三选一数据
选择器 ············172
12.5 外围硬件电路设计分析 ·········173
12.5.1 D/A 转换 ············173
12.5.2 低通滤波器 ············174
12.5.3 输出可调放大

　　　　　　电路 ·············· 175

12.6　仿真及实测 ·············· 175

　　12.6.1　ModelSim 仿真 ·········· 176

　　12.6.2　实验测试 ·············· 177

　　12.6.3　问题分析 ·············· 179

第 13 章　智能饮水机系统设计 ······ 181

13.1　设计要求 ·············· 181

13.2　设计指标 ·············· 181

13.3　设计方案 ·············· 181

13.4　机械结构设计 ·········· 182

13.5　硬件电路设计 ·········· 183

　　13.5.1　主控单片机的选择与
　　　　　　论证 ·············· 183

　　13.5.2　温度设定和
　　　　　　水温检测 ·········· 184

　　13.5.3　过零检测 ·············· 185

　　13.5.4　加热功率控制 ········ 186

　　13.5.5　即热式加热 ·········· 190

　　13.5.6　自动出水控制 ········ 190

　　13.5.7　电源与漏电保护 ···· 193

13.6　软件设计 ·············· 194

13.7　设计总结 ·············· 195

附录 A　电阻标称值和允许偏差 ···· 196

附录 B　陶瓷电容和钽电容 ········ 197

附录 C　电感 ······················ 198

附录 D　二极管和晶体三极管 ······ 199

附录 E　面包板 ·················· 200

　　E.1　结构及导电机制 ·········· 200

　　E.2　使用方法及注意事项 ···· 201

附录 F　GPS-2303C 型直流
　　　　稳压电源 ·············· 202

　　F.1　性能指标 ·············· 202

　　F.2　前面板介绍 ·············· 202

　　F.3　操作方法 ·············· 203

附录 G　常用仪器使用操作教程 ···· 206

　　G.1　C.A5215 型数字万用表
　　　　　操作教程 ·············· 206

　　G.2　DG1032Z 型波形发生器
　　　　　操作教程 ·············· 206

　　G.3　GDS-1104B 型数字示波器
　　　　　操作教程 ·············· 206

　　G.4　GPS-2303C 型直流稳压电源
　　　　　操作教程 ·············· 206

附录 H　常见问题视频详解 ·········· 207

　　H.1　面包板使用常见问题 ········ 207

　　H.2　C.A5215 型数字万用表使用
　　　　　常见问题 ·············· 207

　　H.3　电源、示波器、信号源使用
　　　　　常见问题 ·············· 207

参考文献 ·························· 208

第1章 二极管及其应用电路设计与分析

二极管（Diode）是模拟电路最基本的器件之一。了解二极管的基本特性，正确理解二极管的工作原理，熟悉二极管的电压传输特性和主要技术参数，熟练掌握常用二极管的选型依据和正确使用方法，是学好模拟电路的基础和前提。

1.1 常用二极管电路设计基础

二极管，顾名思义有两个引脚，是一种具有单向导电特性的双端器件。

二极管所谓的单向导电性，并不是指当给二极管接上反向偏置电压时一定不会有电流流过，而是指相对于正向导通特性，即在一定范围内的反向电压驱动下，二极管的反向漏电流极其微弱，多数情况下可以忽略不计。但是，在特殊情况下（例如稳压二极管），利用的是二极管的反向特性，在特定工作电流范围内，稳压管能输出稳定的电压值。

1.1.1 基本特性

二极管的伏安特性曲线和电路符号如图 1.1 所示。

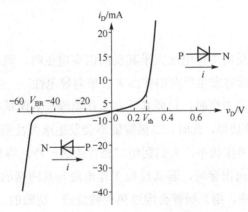

图 1.1 二极管的伏安特性曲线和电路符号

1. 正向特性

由图 1.1 可以看出：当流过二极管的正向工作电流十分微弱时，二极管不导通，此时二极管表现为一个大电阻；当流过二极管的正向工作电流增大到一定值（通常锗管两端电压>0.2V，硅管两端电压>0.5V）时，二极管开始进入正向导通状态。

扫描二维码，可以观看给二极管加上正向偏置电压后，二极管微观模型内部自由电子和空穴的动态变化。

二极管正向导通后，继续增大流经二极管两端的正向电流，二极管两端的正向导通压降随正向工作电流的增大而略微增大。相对于正向电流的变化量，二极管两端的正向导通压降的变化量很小，因此，二极管正向导通后主要表现为一个阻值可变的小电阻。

2. 反向特性

当加在二极管两端的反向电压小于其反向击穿电压时，其反向漏电流很小，硅二极管的反向漏电流接近于"0"，因此，可以认为此时的二极管处于反向截止状态。

反向截止状态并不意味着没有反向漏电流的存在，所有二极管在反向偏置时都会有反向漏电流。通常情况下，因为少数载流子（P 区的自由电子和 N 区的空穴）极少，二极管的反向漏电流也很小，所以可以忽略。但是，如果 PN 结中少数载流子的浓度增大，反向漏电流也会随少数载流子浓度的增大而快速增大，此时反向漏电流不能忽略。

二极管的反向漏电流与三极管的放大原理密切相关，在后面章节中将会详细介绍。

扫描下面的二维码，可以观看给二极管加反向偏置电压后，二极管微观模型内部的内建电场、耗尽层、自由电子和空穴所受的电场力及其动态变化。

3. 击穿特性

当加在二极管两端的反向工作电压大于其反向击穿电压时，流经二极管的反向工作电流会急剧增大，此时，二极管将发生反向击穿而失去单向导电性。

（1）当二极管发生反向击穿时，只要其反向工作电流与其两端的反向压降的乘积不超过 PN 结的反向最大允许耗散功率，此时，二极管就不会发生永久性损坏，当撤掉反向工作电压时，二极管仍能恢复正常工作状态，人们利用二极管的这一特性将其制成稳压二极管。

（2）当二极管发生反向击穿时，若其反向工作电流与其两端的反向压降的乘积超过 PN 结的反向最大允许耗散功率，则二极管会因过热而被烧毁。烧毁的二极管将处于不确定状态，当撤掉反向电压时，二极管不能恢复正常工作状态。反向使用二极管时，应注意加在二极管两端的反向电压不要超过其反向工作所允许的最大耐压值。

由图 1.1 还可以看出：无论是二极管两端的正向导通电压还是其反向击穿电压，都只能在一个很窄的范围内保持相对稳定，当二极管的工作电流发生变化时，二极管两端的压降也会随之发生微弱变化。

由于受到生产材料和制造工艺的制约，在实际使用中要求流过二极管的正向工作电流与其两端的正向压降的乘积不能超过生产厂家的产品数据手册所规定的正向额定功率，否则二极管会因过热而被烧毁。因此，使用二极管时，必须串联一个限流电阻，以控制并调整流过二极管的正向工作电流，保证流过二极管的正向工作电流小于其额定正向工作电流。

扫描右侧的二维码，观看使用二极管时不加限流电阻，二极管微观模型因电流过大而被烧毁。

二极管的电路符号及其正向工作电路原理图如图 1.2 所示。

在图 1.2（b）所示的电路中，二极管的正向工作电流为

$$I = \frac{V_{CC} - V}{R}$$

式中，V 是二极管两端的正向压降。

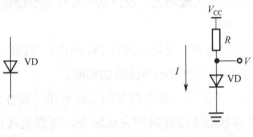

（a）电路符号 （b）正向工作电路原理图

图 1.2 二极管的电路符号及其正向工作电路原理图

二极管的功耗为

$$P = V \times I$$

二极管的导通电阻为

$$r_D = \frac{V}{I}$$

1.1.2 二极管的主要技术参数

二极管的技术参数是用来衡量二极管性能好坏及其适用范围的重要指标，是正确使用二极管的主要依据。二极管的主要技术参数如下。

（1）额定正向工作电流 I_F：也称最大整流电流，是指二极管长时间连续工作时允许通过的最大正向平均电流。电流在流过二极管时会使二极管的温度升高，当温度超过允许值时，二极管的管芯会因过热而被烧毁。因此，在规定的散热条件下，二极管的正向工作电流不应超过其额定正向工作电流。

（2）额定正向管压降 V_F：当流过二极管的工作电流为额定正向工作电流时，二极管两端的正向压降。

（3）反向击穿电压 V_{BR}：当二极管发生反向击穿时，二极管两端的反向压降。

（4）额定反向工作电压 V_R：为保证正常使用时二极管不发生反向击穿，生产厂家在产品

数据手册中规定了其额定反向工作电压。通常情况下，产品数据手册中规定的额定反向工作电压为其实际反向击穿电压的一半左右。

（5）反向漏电流 I_R：在规定环境和额定反向工作电压条件下流经二极管两端的反向工作电流。二极管中除存在因掺杂而产生的多数载流子（P 区的空穴、N 区的自由电子）外，还存在极少数的本征载流子（P 区的自由电子、N 区的空穴），即少数载流子。当二极管反向偏置时，少数载流子被外加电源电场激发，反方向移动并形成反向漏电流，因此，二极管反向偏置时有极小的反向漏电流存在。二极管的反向漏电流受环境温度的影响较大，当环境温度升高时，反向漏电流增大。因此，使用二极管时，要特别注意环境温度变化对其反向漏电流的影响。通常情况下，少数载流子数量极少，二极管的反向漏电流也很小，可以忽略。但是，如果 PN 结中少数载流子的浓度大幅增大，反向漏电流会随少数载流子浓度的增大而快速增大，此时，反向漏电流不能忽略。

（6）极间电容 C_d：也叫结电容，是指二极管 PN 结中存在的电容。在高频或开关状态下使用二极管时，必须考虑其极间电容对电路性能的影响。

（7）反向恢复时间 T_{RR}：当加在二极管两端的工作电压的极性突然发生翻转时，由于存在极间电容，二极管的工作状态不能在瞬间完成跳变，特别是从正向偏置电压切换到反向偏置电压时，偏置电压翻转的瞬间会出现较大的反向电流，经过一小段时间后，反向电流才能恢复正常，从正向偏置电压开始发生翻转至反向电流恢复正常所需要的时间定义为反向恢复时间。

（8）截止频率：二极管正常工作时的上限频率。二极管的截止频率主要取决于二极管极间电容的大小。当待处理信号的频率较高时，必须选用截止频率相对较高、能够满足设计要求的二极管使用。

1.2　常用二极管及其主要技术参数

根据加工材料、制作工艺、结构、封装、用途等的不同，二极管有多种分类方法，本书依据二极管的主要功能，简要介绍几种较为常用的二极管。

1.2.1　整流二极管

整流二极管（Rectifier Diode）主要用于将交流电转换为脉动的直流电。人们多选用额定正向工作电流大、反向漏电流小的二极管作为整流二极管，如 1N400X 系列二极管。

表 1.1 所示为飞利浦半导体（Philips Semiconductor）公司［现已被恩智浦半导体（NXP Semiconductor）公司收购］生产的 1N400X 系列整流二极管的主要技术参数。由于该系列整流二极管的极间电容较大，反向恢复时间较长，因此厂家并没有给出具体的极间电容和反向恢复时间参数。

表 1.1 1N400X 系列整流二极管的主要技术参数

型　　号	最高反向工作电压/V	额定正向工作电流/A	最大浪涌电流/A	极 间 电 容	反向恢复时间
1N4001	50	1	30	—	—
1N4002	100	1	30	—	—
1N4003	200	1	30	—	—
1N4004	400	1	30	—	—
1N4005	600	1	30	—	—
1N4006	800	1	30	—	—
1N4007	1000	1	30	—	—

用整流二极管设计的半波整流电路结构简单，如图 1.3（a）所示。在不考虑整流效率的情况下，可以采用半波整流电路完成整流，其输入、输出信号波形如图 1.3（b）所示。

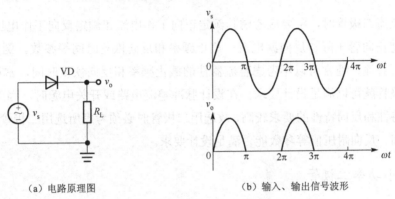

（a）电路原理图　　　　　　　　　　（b）输入、输出信号波形

图 1.3　半波整流电路原理图及其输入、输出信号波形

用整流二极管设计的桥式全波整流电路的整流效率高，在实际应用中较为常见。桥式全波整流电路原理图及其输入、输出信号波形如图 1.4 所示。

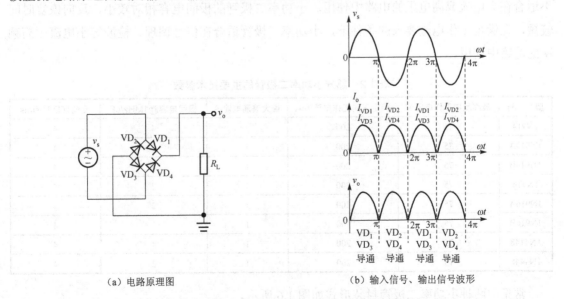

（a）电路原理图　　　　　　　　　　（b）输入信号、输出信号波形

图 1.4　桥式全波整流电路原理图及其输入、输出信号波形

有些电子器件生产厂家将 4 个整流二极管封装在一起,做成专门用于进行桥式全波整流的整流桥块(Bridge Rectifier),这种已经封装好的整流桥块使用起来更加方便。

常用整流二极管和整流桥块的外形图如图 1.5 所示,其中图 1.5(a)是普通整流二极管的外形图,图 1.5(b)、图 1.5(c)、图 1.5(d)是已经封装好的整流桥块的外形图。

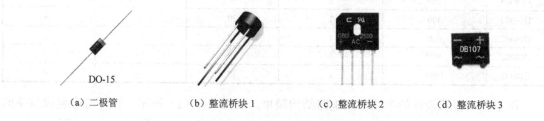

|　(a)二极管　　　　　　　(b)整流桥块 1　　　　　　(c)整流桥块 2　　　　　(d)整流桥块 3

图 1.5　常用整流二极管和整流桥块的外形图

在选用整流二极管时,主要应考虑其额定正向工作电流和额定反向工作电压,有时也需要考虑其额定正向管压降、反向漏电流、截止频率和反向恢复时间等参数。例如,对 50Hz 的交流电进行整流,通常可以不考虑整流器件的截止频率和反向恢复时间,常用的 1N400× 系列整流二极管就可以满足设计要求。在设计脉冲整流电路或开关电源时,因工作电路对二极管的频率特性和反向特性的要求较高,故选用二极管时必须考虑所选用二极管的截止频率、反向恢复时间、反向耐压值等参数能否满足设计要求。

1.2.2　小功率二极管

比较常用的小功率二极管有 1N91×系列、1N4×××系列。

部分小功率二极管的主要技术参数如表 1.2 所示,与中、大功率二极管相比,1N91×系列和 1N4×××系列小功率二极管的额定正向工作电流小,最高反向工作电压低,最大浪涌电流小,不适合在大电流或高电压的电路中使用。小功率二极管的极间电容相对较小,反向恢复时间较短,在满足工作电流要求的条件下,小功率二极管适合在信号调理、检波等小电流、高频率的电路中使用。

表 1.2　部分小功率二极管的主要技术参数

型　　　号	最高反向工作电压/V	额定正向工作电流/mA	最大浪涌电流/A	极间电容@1MHz/pF	反向恢复时间/ns
1N914	75	200	1	4	4
1N914A	75	200	1	4	4
1N914B	75	200	1	4	4
1N916	75	200	1	2	4
1N916A	75	200	1	2	4
1N916B	75	200	1	2	4
1N4148	75	200	1	4	4
1N4448	75	200	1	2	4

常见的两种小功率二极管封装形式如图 1.6 所示。

（a）插件式封装　　　　　　　（b）贴片式封装

图 1.6 常见的两种小功率二极管封装形式

1.2.3 肖特基二极管

肖特基二极管（Schottky Barrier Diode）也称肖特基势垒二极管，是一种低功耗、大电流、具有较短反向恢复时间的高速半导体二极管。肖特基二极管的主要技术参数如表 1.3 所示。

表 1.3 肖特基二极管的主要技术参数

型　　号	最高反向工作电压/V	额定正向工作电流/A	最大浪涌电流/A	极间电容@1MHz/pF	反向恢复时间/μs
1N5812	50	20	400	300	35
1N5814	100	20	400	300	35
1N5816	150	20	400	300	35
1N5817	20	1	25	110	35
1N5818	30	1	25	110	35
1N5819	40	1	25	110	35

由表 1.2 和表 1.3 可以看出，与 1N91×系列和 1N4×××系列小功率二极管相比，额定正向工作电流较大的 1N58××系列肖特基二极管的极间电容较大，反向恢复时间较长，在满足工作电流要求的条件下，小功率二极管的极间电容和反向恢复时间特性更好。

与其他额定正向工作电流相同的二极管相比，肖特基二极管的额定正向管压降较小，反向恢复时间较短，开关速度较快，工作频率较高，开关损耗较小。因此，肖特基二极管特别适合用在低压、高频、大电流输出的电路中，如用在高频检波电路、混频电路、高速逻辑电路、开关电源等中作为高速开关使用，是高频开关电路的理想器件。

与 1N400×系列整流二极管相比，肖特基二极管的反向击穿电压较低，反向漏电流较大，容易因过热而发生反向击穿。并且肖特基二极管的反向漏电流具有正温度特性，在某一临界范围内，肖特基二极管的反向漏电流极易随结温的升高而急剧增大，因此，在实际使用时，要特别注意肖特基二极管的热失控问题。

在选用肖特基二极管时，应根据实际需要，重点考虑肖特基二极管的额定正向工作电流、额定反向工作电压、极间电容、反向恢复时间和截止频率等参数。

肖特基二极管的电路符号如图 1.7（a）所示。肖特基二极管比较常用的引脚封装如图 1.7（b）和图 1.7（c）所示。

（a）电路符号　　　　（b）插件式封装　　　（c）贴片式封装

图 1.7 肖特基二极管的电路符号和引脚封装

1.2.4 发光二极管

发光二极管（Light Emitting Diode）通常简写为 LED。和普通二极管一样，发光二极管也具有单向导电性。

发光二极管可以把电能转化为光能，属于电流驱动型半导体器件，其发光亮度或强度与其正向工作电流有关，正向工作电流越大，其发光亮度越高。但当发光二极管的正向工作电流增大到一定值时，继续增大其正向工作电流，其发光亮度或强度将不再有明显变化。因此，在实际使用发光二极管时，应根据环境对亮度的要求设定其正向工作电流，不要因追求高发光亮度而盲目增大发光二极管的工作电流，这样极易因使用不当而缩短发光二极管的使用寿命。在使用发光二极管时还应特别注意：发光二极管的正向工作电流不可以超过其额定正向工作电流，否则发光二极管会因过热而被烧毁。

在相同正向工作电流的驱动下，不同颜色的发光二极管的正向管压降不同，随着光波频率的升高，发光二极管的正向管压降也在不断升高。在可见光范围内，红色发光二极管的正向管压降最低，蓝紫色发光二极管的正向管压降最高。

与普通二极管相比，发光二极管的额定正向工作电流较小，通常应小于 20mA。

随着发光二极管制造技术的不断进步及生产工艺的不断提高，如今，很多发光二极管在小于 1mA 的正向工作电流的驱动下也能正常发光，并且能够满足显示亮度的设计要求。

常用发光二极管的主要技术参数如表 1.4 所示，相对于其他种类的二极管，发光二极管的额定正向管压降较大，额定反向击穿电压较低，在使用时应特别注意。

表 1.4 常用发光二极管的主要技术参数

发光颜色	光波波长/nm	驱动电流为 20mA 时的正向管压降/V	反向击穿电压/V
无色（红外光）	850～940	1.5～1.7	5
红色	633～660	1.7～1.8	5
黄色	585～620	1.8～2.0	5
绿色	555～570	2.0～3.0	5
蓝色	430～470	3.0～3.8	5

发光二极管的发光亮度与其正向工作电流之间不是线性关系。当发光二极管的发光亮度较低时，增大其正向工作电流，其发光亮度会有明显提高。但当发光亮度提高到一定程度时，继续增大其正向工作电流，发光二极管的发光亮度不会再有明显提高。并且，如果发光二极管长时间工作在大电流条件下，其使用寿命会明显缩短。因此，在发光亮度或发射功率已经满足设计要求的情况下，应使发光二极管尽量工作在较小的驱动电流条件下。

为保证发光二极管不被烧坏，使用发光二极管时，必须串联一个阻值合适的限流电阻，以限制发光二极管的正向工作电流，调节发光二极管的发光亮度。

发光二极管的电路符号如图 1.8（a）所示，外形封装如图 1.8（b）所示，工作电路原理图如图 1.8（c）所示。

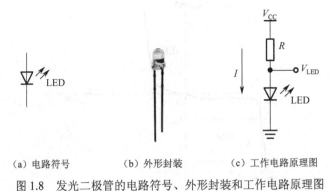

（a）电路符号　　　　（b）外形封装　　　　（c）工作电路原理图

图 1.8　发光二极管的电路符号、外形封装和工作电路原理图

在如图 1.8（c）所示的电路中，发光二极管的工作电流 I_{LED} 为

$$I_{\text{LED}} = \frac{V_{\text{CC}} - V_{\text{LED}}}{R}$$

目前，已经可以用很小的正向工作电流来驱动发光二极管。使用时，应根据生产厂家提供的产品数据手册及发光亮度、发射功率等具体设计要求，通过改变限流电阻的阻值来设定发光二极管的正向工作电流。

从能量损耗的角度出发，在保证发光二极管可以正常发光，或者发射功率已经满足设计要求的前提下，发光二极管的正向工作电流应设置得越小越好。

发光二极管的额定反向工作电压较低，一般不超过 5V。当发光二极管的反向管压降超过其额定反向工作电压时，发光二极管极易因过热而烧毁。

在选用发光二极管时，除要考虑普通二极管基本参数外，还应考虑以下光学参数。

（1）波长：光谱特性参数，可以体现发光二极管的单色性是否优良，颜色是否纯正。

（2）光强分布：发光二极管在不同空间角度发光强度的分布情况。光强分布会影响发光二极管显示装置的最小观察视角。

（3）发光效率：发光二极管的节能特性，用光通量与电功率之比表示。

（4）半强度辐射角：发光强度为最大发光强度 50% 时所对应的辐射角。

与白炽灯相比，发光二极管具有体积小、质量小、消耗能量低、响应速度快、环境适应能力强等优点。随着发光二极管产业的飞速发展，其发光效率在不断提高，价格却在逐步下降。行业的发展和技术的进步使发光二极管在照明领域的应用越来越广泛。

1.2.5　稳压二极管

稳压二极管也称齐纳二极管（Zener Diode），简称稳压管。稳压二极管工作在反向偏置状态，其伏安特性曲线如图 1.9 所示。

在规定的反向工作电流范围内，即在反向工作电流（$I_{\text{Zmin}}, I_{\text{Zmax}}$）的驱动下，稳压二极管的反向击穿电压基本保持为 V_{Z}。

稳压二极管的技术参数与普通二极管的不同，其主要技术参数定义如下。

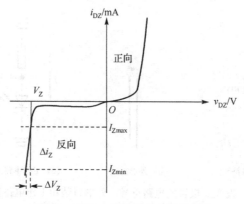

图 1.9　稳压二极管的伏安特性曲线

（1）最大工作电流 I_{Zmax}：保证稳压二极管能正常输出标称稳定电压所允许通过的最大工作电流。在允许范围内，稳压二极管的工作电流越大，其稳压效果越好，同时，稳压二极管自身所消耗的功率也越大。当流经稳压二极管的工作电流超过其最大工作电流时，其自身所消耗的功率将超过额定功率，稳压二极管会因过热而被烧毁。

（2）最小工作电流 I_{Zmin}：保证稳压二极管能输出稳定电压值所必需的最小工作电流。稳压二极管是电流驱动型器件，所以需要一定的驱动电流来维持其正常稳压功能。当反向工作电流低于最小工作电流时，稳压二极管将失去稳压作用。

（3）标称稳压值 V_{DZ}：在最大工作电流的作用下，稳压二极管所产生的反向管压降。受材料和制造工艺等方面的制约，即使是同一种型号、同一个批次的稳压二极管，其标称稳压值也存在一定的离散性。因此，禁止并联使用稳压二极管。

（4）额定功率 P_{ZM}：其数值等于标称稳压值 V_{DZ} 与最大工作电流 I_{Zmax} 的乘积。在购买稳压二极管时，通常需要知道其额定功率和标称稳压值。

（5）动态电阻：稳压二极管的反向管压降变化量与工作电流变化量的比值。

（6）电压温度系数：在一定工作条件下，稳压二极管的反向管压降受温度影响的系数，即温度每变化 1℃，稳压二极管的反向管压降变化的百分比。

稳压二极管的电压温度系数有正、负之分，通常情况下，标称稳压值低于 4V 的稳压二极管，其电压温度系数为负值；标称稳压值高于 6V 的稳压二极管，其电压温度系数为正值；标称稳压值在 4～6V 范围内的稳压二极管，其电压温度系数为正值或负值。在要求较高的应用场合中，可以将正、负两种电压温度系数的稳压二极管串联使用，以实现温度补偿。

稳压二极管和普通二极管一样，都有两个引脚，其电路符号如图 1.10（a）所示，其实物图如图 1.10（b）所示，其工作电路原理图如图 1.10（c）所示。

在使用稳压二极管时，必须串联一个阻值合适的限流电阻，如图 1.10（c）所示，以调整稳压二极管的反向工作电流并保护稳压二极管，将稳压二极管的反向工作电流设定在规定范围内，保证稳压二极管可以长时间工作在反向击穿状态下而不被烧毁。

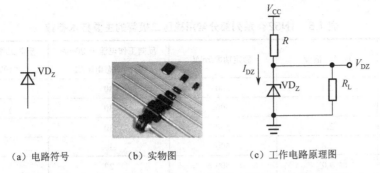

（a）电路符号　　　　　（b）实物图　　　　　（c）工作电路原理图

图 1.10　稳压二极管的电路符号、实物图和工作电路原理图

在图 1.10（c）所示的电路中，稳压二极管的反向工作电流 I_{DZ} 为

$$I_{DZ} = \frac{V_{CC} - V_{DZ}}{R} - \frac{V_{DZ}}{R_L}$$

式中，V_{DZ} 是稳压二极管输出的稳压值。

稳压二极管的反向工作电流必须设定在 I_{Zmin} 和 I_{Zmax} 之间，在此范围内，稳压二极管的输出电压会稳定在 V_Z 附近，基本保持不变。当反向工作电流低于 I_{Zmin} 时，稳压二极管将进入反向截止状态，不再稳压；当反向工作电流高于 I_{Zmax} 时，稳压二极管会因过热而被烧毁。

在图 1.10（c）所示的电路中，当改变限流电阻的阻值 R 或者改变负载电阻的阻值 R_L 时，稳压二极管的反向工作电流 I_{DZ} 会发生变化。因此，用稳压二极管设计电路时，除要考虑空载时稳压二极管的工作电流外，还要考虑带负载后稳压二极管的工作电流变化是否满足设计要求。

多数额定功率为 0.5W 的稳压二极管与通用小功率二极管 1N4148 一样，采用红色玻璃封装，如果不知道所选用器件的型号，那么单纯用肉眼很难分辨通用小功率二极管和稳压二极管。

用稳压二极管设计电路时，应根据稳压二极管的主要技术参数及电路设计指标要求来确定其工作电流。如果设定的工作电流偏小，那么稳压二极管的稳压性能会降低；如果设定的工作电流偏大，那么稳压二极管自身所消耗的功率会增大。所以，设计电路时，应综合考虑各方面因素。

选用稳压二极管时，其标称稳压值应等于或略高于设计要求的稳压值，其最大工作电流应高于最大负载电流的 50%。当负载工作电流变化范围较大时，还应考虑负载电流变化到最大值和最小值时稳压二极管能否正常工作。

选用稳压二极管时，除要知道其标称稳压值外，还必须知道其额定功率。正常使用时，稳压二极管自身所消耗的功率不可以超过产品数据手册中规定的额定功率。设计电路时，为了保证稳压二极管可以长时间稳定工作，其实际消耗的功率应小于额定功率，否则稳压二极管会因长时间过热工作而被烧毁。

使用稳压二极管时，应查阅相关生产厂家提供的产品数据手册。表 1.5 所示为仙童半导体（Fairchild Semiconductor）公司生产的 1N52×× 系列部分常用稳压二极管的主要技术参数。

表 1.5   1N52×× 系列部分常用稳压二极管的主要技术参数

型　号	稳压值/V	额定功率/mW	反向工作电流为 20mA 时的动态电阻/Ω	反向工作电流为 0.25mA 时的动态电阻/Ω
1N5221B	2.4	500	30	1200
1N5222B	2.5	500	30	1250
1N5223B	2.7	500	30	1300
1N5224B	2.8	500	30	1400
1N5225B	3.0	500	29	1600
1N5226B	3.3	500	28	1600
1N5227B	3.6	500	24	1700
1N5228B	3.9	500	23	1900
1N5229B	4.3	500	22	2000
1N5230B	4.7	500	19	1900
1N5231B	5.1	500	17	1600
1N5232B	5.6	500	11	1600
1N5233B	6.0	500	7.0	1600
1N5234B	6.2	500	5.0	1000
1N5235B	6.8	500	5.0	750
1N5236B	7.5	500	6.0	500
1N5237B	8.2	500	8.0	500
1N5238B	8.7	500	8.0	600

表 1.6 所示为摩托罗拉半导体（Motorola Semiconductor）公司生产的额定功率为 1W 的 1N47××A 系列部分常用稳压二极管的主要技术参数。

表 1.6   1N47××A 系列部分常用稳压二极管的主要技术参数

型　号	稳压特性及动态参数			动态参数	
	稳压值/V	测试电流/mA	动态电阻/Ω	测试电流/mA	动态电阻/Ω
1N4728A	3.3	76	10	1	400
1N4729A	3.6	69	9	1	400
1N4730A	3.9	64	9	1	400
1N4731A	4.3	58	8	1	400
1N4732A	4.7	53	8	1	500
1N4733A	5.1	49	7	1	550
1N4734A	5.6	45	5	1	600
1N4735A	6.2	41	2	1	700
1N4736A	6.8	37	3.5	1	700
1N4737A	7.5	34	4	0.5	700
1N4738A	8.2	31	4.5	0.5	700
1N4739A	9.1	28	5	0.5	700
1N4740A	10	25	7	0.25	700

续表

型　　号	稳压特性及动态参数			动态参数	
	稳压值/V	测试电流/mA	动态电阻/Ω	测试电流/mA	动态电阻/Ω
1N4741A	11	23	8	0.25	700
1N4742A	12	21	9	0.25	700
1N4743A	13	19	10	0.25	700
1N4744A	15	17	14	0.25	700
1N4745A	16	15.5	16	0.25	700
1N4746A	18	14	20	0.25	750

从表 1.5 和表 1.6 可以看出，稳压二极管的主要技术参数除包括稳压值和额定功率外，还包括测试电流和动态电阻，并且对于测试电流和动态电阻都给出了两组数据，其中较大的测试电流对应稳压二极管的最大工作电流 I_{Zmax}，较小的测试电流对应稳压二极管的最小工作电流 I_{Zmin}。

稳压二极管的反向工作电流应设定在最大工作电流 I_{Zmax} 和最小工作电流 I_{Zmin} 之间。

从表 1.5 和表 1.6 还可以看出，当稳压二极管的驱动电流较小时，其动态电阻较大。稳压二极管作为一种供能器件（提供电压源），若其动态电阻较大（相当于其内阻较大），则稳压效果相对较差。

1.2.6　双向稳压二极管

双向稳压二极管是由两个互为反向的稳压二极管串联并封装在一起构成的器件，其外部有三个引脚，通常内部的两个正极连接在一起作为公共端，或者两个负极连接在一起作为公共端。在使用双向稳压二极管前，必须先找出公共引脚并确定其引脚连接方式。

正常工作时，双向稳压二极管中的一个稳压二极管反向稳压，另外一个稳压二极管正向导通，如果直接测量双向稳压二极管两个稳压引脚之间的压降，测得的电压值是一个稳压二极管的反向稳压值与另外一个稳压二极管的正向导通压降之和。

多数情况下，双向稳压二极管在正负双电源电路中使用。例如，在正负双电源供电的迟滞比较器电路中，利用双向稳压二极管的对称性，可以在迟滞比较器的输出端得到正、负对称的输出电压值。如果买不到双向稳压二极管，也可以将两个性能相同的稳压二极管互为反向，串联成一个双向稳压二极管使用。

双向稳压二极管的电路符号如图 1.11（a）所示，其引脚封装如图 1.11（b）所示。

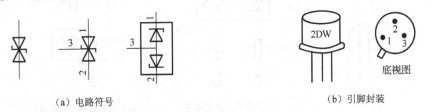

（a）电路符号　　　　　　　　　　　　　　　　（b）引脚封装

图 1.11　双向稳压二极管的电路符号和引脚封装

2DW23×系列双向稳压二极管是国产半导体器件，其内部设有温度补偿电路，具有电压温度系数低等优点。2DW23×系列双向稳压二极管的主要技术参数如表1.7所示。

表1.7　2DW23×系列双向稳压二极管的主要技术参数

型　号	最大耗散功率/mW	最大工作电流/mA	最高结温/℃	稳定电压/V	工作电流为10mA时的动态电阻/Ω	反向漏电流/μA
2DW230				5.8～6.6	≤15	≤1
2DW231				5.8～6.6	≤15	≤1
2DW232				6.0～6.5	≤10	≤1
2DW233	200	30	150	6.0～6.5	≤10	≤1
2DW234				6.0～6.5	≤10	≤1
2DW235				6.0～6.5	≤10	≤1
2DW236				6.0～6.5	≤10	≤1

从表1.7可以看出，2DW23×系列双向稳压二极管的额定功率是0.2W，最大工作电流是30mA，工作电流为10mA时的动态电阻小于或等于15Ω。

1.2.7　双色发光二极管

双色发光二极管的内部封装了两种不同颜色的单色发光二极管。将两个单色发光二极管的阳极引脚或阴极引脚接到一起封装成一个器件，即为双色发光二极管。

按内部引脚连接方式的不同，双色发光二极管可分为共阳极双色发光二极管和共阴极双色发光二极管。在共阳极双色发光二极管的内部，两个单色发光二极管的阳极连接在一起；在共阴极双色发光二极管的内部，两个单色发光二极管的阴极连接在一起。因此，在选用双色发光二极管时，应首先确定其内部结构。

双色发光二极管的外形图如图1.12（a）所示，共阳极电路连接图如图1.12（b）所示，共阴极电路连接图如图1.12（c）所示。

和使用普通发光二极管一样，在使用双色发光二极管时也必须串联限流电阻，以保护其内部电路，并调节每个单色发光二极管的发光亮度。因此，需要给两个单色发光二极管分别串联限流电阻，如图1.12（b）和图1.12（c）所示，保证两种单色光的发光亮度可以被单独调节。

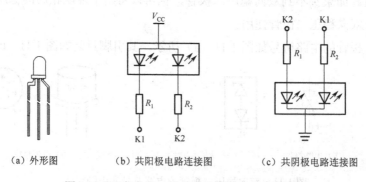

（a）外形图　　　　　（b）共阳极电路连接图　　　　　（c）共阴极电路连接图

图1.12　双色发光二极管的外形图和电路连接图

为使双色发光二极管可以显示除两种单色发光二极管所能显示颜色之外的第三种颜色，应分别调节与两个单色发光二极管串联的限流电阻的阻值，即调节不同颜色单色光的发光强度，利用光学原理，将两种不同颜色的单色光调和成第三种颜色的光。

在如图 1.12（c）所示的电路中，通过控制 K1、K2 引脚上的电压值，或改变限流电阻的阻值 R_1、R_2，可以控制双色发光二极管显示出 4 种不同状态，例如，红绿双色发光二极管可以有不发光、红色、绿色、黄色这 4 种状态。

1.2.8 数码管

数码管由多个发光二极管构成。按发光段数的不同，数码管可分为七段数码管和八段数码管。七段数码管只能显示"8"字形；八段数码管除了可以显示"8"字形，还可以显示小数点"."。

将几个数码管封装在一起，按封装后所能显示位数的不同，数码管可分为 1 位数码管、2 位数码管、3 位数码管等。

按内部发光二极管的连接方式的不同，数码管可分为共阳极数码管和共阴极数码管两大类。共阳极数码管是指其内部所有发光二极管的阳极连接在一起作为公共阳极的数码管；共阴极数码管是指其内部所有发光二极管的阴极连接在一起作为公共阴极的数码管。

共阳极数码管的电路连接图如图 1.13 所示，其公共阳极引脚 3 和 8 一起接到+5V 电源（高电平）上，通过控制引脚 K1~K8 的高、低电平来控制数码管显示出相应的字段。

共阴极数码管的电路连接图如图 1.14 所示，其公共阴极引脚 3 和 8 一起接到参考地（低电平）上，通过控制引脚 K1~K8 的高、低电平来控制数码管显示出相应的字段。

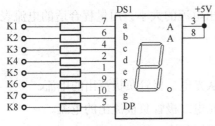

图 1.13 共阳极数码管的电路连接图

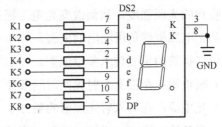

图 1.14 共阴极数码管的电路连接图

在使用数码管时也必须串联限流电阻，以保护其内部发光二极管，并调节发光二极管的发光亮度。设计电路时，最好不要在公共引脚上串联一个限流电阻，而应该给 8 个显示字段 a、b、c、d、e、f、g、DP 所对应的引脚分别串联一个限流电阻，如图 1.13 和图 1.14 所示，当需要点亮某个显示字段时，只需将对应显示字段所串联的限流电阻接到高电平或低电平即可。因点亮每个显示字段时都需要一定的工作电流，如果只在公共引脚上串联一个限流电阻，那么当显示"8."时，所有显示字段同时被点亮，此时，流过该限流电阻的电流相对较大。因此，在选用限流电阻时，还必须考虑该限流电阻的功率参数是否满足设计要求。并且，如果只在公共引脚上串联一个限流电阻，那么当显示不同的数字时，显示亮度也会因显示字段的段数不同而发生变化，从而影响显示效果。

1.2.9　光电二极管

光电二极管也称光敏二极管（Photosensitive Diode），其主要作用是将接收到的光能转化为电能。利用其接收光能而导致电参数发生变化的原理，光电二极管常被用作检测器件，即光电传感器。

光电二极管的伏安特性曲线如图 1.15 所示，光电二极管的测试电路如图 1.16 所示。

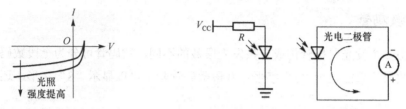

图 1.15　光电二极管的伏安特性曲线　　　　图 1.16　光电二极管的测试电路

从图 1.15 可以看出，当光电二极管接收到光照时，能够产生反向电流输出；光照强度越大，光电二极管所输出的反向电流越大。从图 1.16 可以看出，光电二极管所产生的电流是从其负极方向流出的。当接收到光照时，光电二极管相当于一个小电池，在分析电路时，可以把光电二极管当作光控电流源。

光照强度不同，光电二极管流出的电流也不同；光照强度越大，从光电二极管负极流出的电流越大。在图 1.16 所示的电路中，改变供电电压 V_{CC} 或者改变限流电阻的阻值 R 都可以改变发射管的工作电流，即改变发射管的发光强度，从而改变光电二极管接收到的光照强度；改变发射管与接收管之间的距离，或者改变发射管与接收管之间的角度，也可以改变光电二极管接收到的光照强度，从而改变光电二极管输出电流的大小。用量程合适的电流表可以直接测量从光电二极管负极流出的电流。

光电二极管的主要技术参数如下。

（1）暗电流：在没有入射光照射的条件下，从光电二极管负极流出的电流。

（2）光电流：在有入射光照射的条件下，从光电二极管负极流出的电流。

（3）灵敏度：光电二极管对光照强度反应的灵敏程度。

（4）转换效率：光通量与电功率的比值。

1.3　实验电路设计

学习并掌握二极管的基本工作原理是熟练使用二极管来设计实用电路的基础和前提。本实验要求学生通过查阅相关二极管产品的技术资料，掌握常用二极管的选型依据，并能熟练使用指定的二极管来设计实用电路。

1.3.1　实验电路

图 1.17 所示为本次实验中需要完成的实验电路。其中，图（a）是识别色环电阻及其标称值；图（b）是二极管实验电路；图（c）是稳压二极管实验电路；图（d）是不同种类二极管的性能比较实验电路；图（e）是稳压二极管带载能力分析实验电路。

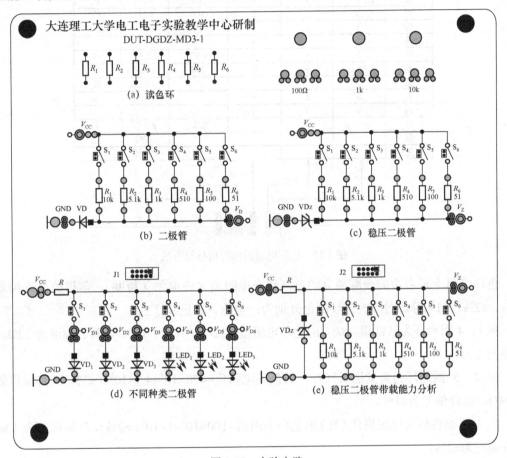

图 1.17　实验电路

1.3.2　认识电阻

根据指数间隔 E（Exponential Spacing），电阻的标称阻值分为 E6、E12、E24、E48、E96、E192 这 6 种数系，其中电阻常用的标称值是 E24 数系。

E-24 数系有 24 个基本数（如下），所有电阻值的标称值都可以用这 24 个数字表示。

1.0　1.1　1.2　1.3　1.5　1.6　1.8　2.0　2.2　2.4　2.7　3.0

3.3　3.6　3.9　4.3　4.7　5.1　5.6　6.2　6.8　7.5　8.2　9.1

按封装形式，电阻主要分为插件式封装和贴片式封装两大类。

插件式封装的电阻多用色环的方式来标记电阻标称值，具体标记方法如图 1.18 所示。

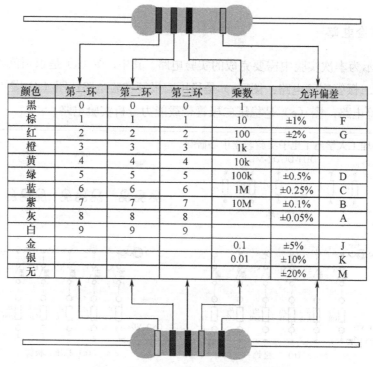

颜色	第一环	第二环	第三环	乘数	允许偏差	
黑	0	0	0	1		
棕	1	1	1	10	±1%	F
红	2	2	2	100	±2%	G
橙	3	3	3	1k		
黄	4	4	4	10k		
绿	5	5	5	100k	±0.5%	D
蓝	6	6	6	1M	±0.25%	C
紫	7	7	7	10M	±0.1%	B
灰	8	8	8		±0.05%	A
白	9	9	9			
金				0.1	±5%	J
银				0.01	±10%	K
无					±20%	M

图 1.18　色环电阻的标称值标记方法

色环电阻上最右边的一圈独立的色环代表电阻的允许偏差（精度）。常用的允许偏差有±5%、±2%、±1%等，对应的色环颜色分别为：金色、棕色和红色。

例 1：4 圈色环为红红黑（金）的色环电阻值= $22×10^0 = 22$（±5%），其标称值为 22Ω，允许偏差为±5%。

例 2：5 圈色环为黄紫黑黄（棕）的色环电阻值= $470×10^4 = 4.7×10^6$（±1%），其标称值为 4.7MΩ，允许偏差为±1%。

例 3：5 圈色环为棕黑黑红（红）的色环电阻值= $100×10^2 = 1×10^4$（±2%），其标称值为 10kΩ，允许偏差为±2%。

贴片电阻的标称值多直接印刷在电阻的表面，如图 1.19 所示，其中的 R 代表小数点。

图 1.19　贴片电阻标称值的标记方法

以下是贴片电阻代表的标称值。

例 1：$5R60=5.6\times10^{0}=5.6\Omega$；

例 2：$150=15\times10^{0}=15\Omega$；

例 3：$391=39\times10^{1}=390\Omega$；

例 4：$103=10\times10^{3}=10k\Omega$；

例 5：$473=47\times10^{3}=47k\Omega$；

例 6：$1502=150\times10^{2}=15k\Omega$；

例 7：$1003=100\times10^{3}=100k\Omega$。

根据图 1.17（a）给出的 6 个色环电阻，通过测量或读取色环的方法将其标称值和精度填写到表 1.8 中。

表 1.8　记录色环电阻标称值和精度

	R_1	R_2	R_3	R_4	R_5	R_6
标称值/Ω						
精度/± %						

1.3.3　测试二极管的伏安（V-I）特性

（1）根据图 1.17（b）完成下列实验，并填写表 1.9 和表 1.10。

表 1.9　二极管正向偏置伏安特性

二极管型号（　　），电源电压（$V_{CC}=3V$）						
闭合开关	S_1	S_2	S_3	S_4	S_5	S_6
限流电阻 R/Ω	10k	5.1k	1k	510	100	51
测量二极管两端压降 V_D/V						
计算限流电阻两端的压降/V $V_R=V_{CC}-V_D$						
计算二极管的工作电流/mA $I_D=V_R/R$						

表 1.10　二极管反向偏置伏安特性

闭合电路中的开关 S_1，其他开关断开，改变电源电压 V_{CC}						
电源电压 V_{CC}/V	−1	−2	−3	−4	−5	−6
测量二极管两端压降 V_D/V						

（2）依据表 1.9 和表 1.10 中的数据画出二极管的伏安（V-I）特性曲线。

1.3.4　测试稳压二极管的伏安（V-I）特性

（1）根据图 1.17（c）完成下列实验，并填写表 1.11 和表 1.12。

表 1.11 稳压二极管输出特性测试

稳压管型号（ ），电源电压（V_{CC}=6V）						
闭合开关	S_1	S_2	S_3	S_4	S_5	S_6
限流电阻 R/Ω	10k	5.1k	1k	510	100	51
测试稳压管输出稳压值 V_Z/V						
计算限流电阻两端压降/V $V_R=V_{CC}-V_Z$						
计算稳压管的工作电流/mA $I_Z=V_R/R$						

表 1.12 稳压二极管正向偏置输出特性测试，电源电压（V_{CC}= −3V）

测量稳压管输出电压 V_Z/V						
计算限流电阻两端的压降/V $V_R=V_Z-V_{CC}$						
计算稳压管的工作电流/mA $I_Z=-V_R/R$						

（2）根据表 1.11 和表 1.12 中的数据画出稳压二极管的输出（V-I）特性。

1.3.5 二极管工作特性的比较

（1）根据图 1.17（d）完成下列实验。

多数数字万用表有二极管测量挡位，可以直接测量二极管的导通压降。

在不连接电路的情况下，用数字万用表的二极管挡位直接测量二极管是否正向导通、反向截止，并测出其正向导通压降，填写到表 1.13 中。

表 1.13 不同种类二极管的导通压降

二极管符号	VD_1	VD_2	VD_3	LED_1	LED_2	LED_3
断开开关	断开电源电压及开关 S_1~S_6，直接用万用表的二极管挡位测量二极管的导通压降					
用数字万用表的二极管挡位测量二极管的导通压降/V						
测试条件	电源电压（V_{CC}=6V）					
闭合开关	S_1	S_2	S_3	S_4	S_5	S_6
用数字万用表的直流电压挡位测量二极管的导通压降/V						

用数字万用表的二极管挡位测量发光二极管时，多数发光二极管都能发光，只是发光亮度不同。有些发光二极管的发光亮度极低，甚至看不清楚，尤其是光谱频率较高的蓝光系列二极管。通常情况下，对于好用的发光二极管，是可以测到其正向导通电压的。

当电路工作时，连接在电路中的二极管是否导通是不能用数字万用表的二极管挡位测量的，此时，应该用直流电压挡位测量二极管工作是否正常。

（2）分析在上述两种测试条件下，对于同一个二极管，测得导通压降不同的原因。

1.3.6　稳压二极管输出带载能力测试

（1）根据图 1.17（e）完成下列实验，并填写表 1.14。

表 1.14　稳压二极管输出带载能力测试

稳压二极管型号（　　），电源电压（$V_{CC}=6V$），限流电阻标称值（1kΩ）							
闭合开关	空载	S_1	S_2	S_3	S_4	S_5	S_6
负载电阻标称值/Ω	∞	10k	5.1k	1k	510	100	51
输出稳压值/V							

（2）分析稳压二极管输出电压不稳定的原因。

第 2 章 单管应用电路设计与分析

双极结型晶体管 BJT（Bipolar Junction Transistor，简称晶体管）和场效应管 FET（Field Effect Transistor）都属于有源器件。所谓有源器件，是指只有加了直流电压才能工作的器件，有源器件的参数不是定值，会随所加直流电压的变化而变化。芯片中几乎所有功能的实现都依赖于有源器件的这个特性，所以也可以说，晶体管是电路设计中最基础、最核心的器件之一。晶体管在电路系统设计中可用来进行放大、阻抗变换，以及作为开关等。

单管电路是指用单管器件（如晶体三极管或场效应管）设计而成的电路。单管器件种类繁多，可构成的电路形式多样，因此，单管电路有多种不同的设计方法。熟练掌握单管电路的设计和分析方法是设计分析差分放大电路和集成运算放大电路的基础和前提。单管电路的开关特性是学习数字逻辑电路的基础。

2.1 晶体三极管应用电路设计

双极结型晶体管 BJT 有两种载流子（电子和空穴）参与导电，是一种三端器件，由两个相互影响的 PN 结构成，又称晶体三极管，分为 PNP 型晶体三极管和 NPN 型晶体三极管两种类型，电路符号如图 2.1 所示。

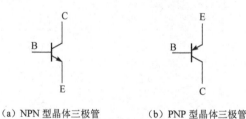

（a）NPN 型晶体三极管   （b）PNP 型晶体三极管

图 2.1 晶体三极管的电路符号

晶体三极管由 3 个掺杂区域组成：基区、集电区和发射区，中间的区域称为基区，两边的区域分别称为发射区和集电区，3 个区域所连接的电极分别称为基极 B（Base）、发射极 E（Emitter）和集电极 C（Collector）。

晶体三极管在电路中的主要作用是通过调整流入基极的小电流来控制流经集电极和发射极的大电流，因此，可以认为晶体三极管是一种电流控制型器件。

2.1.1 晶体三极管的引脚判别

用数字万用表的二极管挡位可以对晶体三极管的引脚进行简单的判别。先用数字万用表的二极管挡位找到基极。基极相对于集电极和发射极的特性相同，要么都导通，要么都截止。

如果红表笔接在基极，黑表笔分别接在集电极或发射极，集电结和发射结都导通，那么可以判定该晶体三极管为 NPN 型晶体三极管；如果黑表笔接在基极，红表笔分别接在集电极或发射极，集电结和发射结都导通，那么可以判定该晶体三极管为 PNP 型晶体三极管。

与集电结相比，发射结的面积小、掺杂浓度高、载流子浓度高、厚度较薄，因此发射结和集电结的正向导通压降略有不同。通常情况下，发射结的正向导通压降要比集电结的略高一些，在相同的测试条件下，可以根据发射结和集电结的正向导通压降判断哪个引脚是发射极，哪个引脚是集电极。但是，由于存在测量误差，同时受测量仪器精度的制约，通常很难通过测量的方法区分发射结和集电结，因此，最好的办法是在知道产品型号后，通过查阅生产厂家提供的产品数据手册来查看引脚封装图。

2.1.2　主要技术参数

晶体三极管的主要技术参数用来表征其性能优劣及其适用范围，是合理选择和正确使用晶体三极管的主要依据。晶体三极管的主要技术参数如下。

（1）电流放大系数：也称电流放大倍数，是用来表征晶体三极管电流放大能力的参数。电流放大系数分为直流电流放大系数和交流电流放大系数。直流电流放大系数也称静态电流放大系数，是指在直流输入状态下，晶体三极管集电极电流 I_C 与基极偏置电流 I_B 的比值，一般用 $\overline{h_{FE}}$ 或 $\overline{\beta}$ 表示。交流电流放大系数也称动态电流放大系数，是指在交流输入状态下，晶体三极管的集电极电流变化量 Δi_c 与基极偏置电流变化量 Δi_b 的比值，一般用 h_{FE} 或 β 表示。

（2）集电极最大允许电流 I_{CM}：当集电极电流增大到一定值时，电流放大系数将减小，电流放大系数减小到额定值的 2/3 时所对应的集电极电流即集电极最大允许电流。

（3）集电极最大允许耗散功率 P_{CM}：是指晶体三极管集电极最大允许电流和管压降的乘积，即 $P_{CM} = I_{CM} \times V_{CE}$。在实际使用晶体三极管时，集电极的实际耗散功率不允许超过集电极最大允许耗散功率，否则晶体三极管会因温度过高而被烧毁。

（4）穿透电流 I_{CEO}：当基极开路时，从集电区穿过基区流向发射区的电流。该电流受温度的影响较大，因此该值越小，晶体三极管的热稳定性越好。

（5）集电极–发射极击穿电压 V_{CEO}：当基极开路时，集电极和发射极之间的击穿电压。该电压与穿透电流有关。

（6）特征频率 f_T：也称单位增益带宽，是指 $\beta = 1$ 时所对应的频率。

（7）集电极–基极反向电流 I_{CBO}：当发射极开路、集电结反向偏置时，集电极和基极之间的反向饱和电流。在一定温度范围内，该电流是一个常数，并且很小，但其会随温度的升高而增大。

（8）集电极–基极反向击穿电压 $V_{(BR)CBO}$：当发射极开路时，集电极和基极之间的反向击穿电压。该值相对较高，通常小功率三极管的 $V_{(BR)CBO}$ 为几十伏。

（9）发射极–基极反向击穿电压 $V_{(BR)EBO}$：当集电极开路时，发射极和基极之间的反向击穿电压。该值相对较低，通常小功率三极管的 $V_{(BR)EBO}$ 为几伏。

为了保证晶体三极管安全工作，在实际使用时，集电极工作电流应小于集电极最大允许电流 I_{CM}，集电极与发射极之间的工作电压应小于集电极–发射极击穿电压 V_{CEO}，集电极的实际耗散功率应小于集电极最大允许耗散功率 P_{CM}。上述 3 个极限参数决定了三极管的安全工作区。

2.1.3　传输特性

共发射极单管放大电路的输入特性曲线描述了当管压降 V_{CEQ} 为某一定值时，基极输入电流 i_B 与发射结的压降 V_{BEQ} 之间的关系，如图 2.2（a）所示。

当晶体三极管发射结正向偏置时，发射结导通压降与工作电流的关系和二极管正向偏置时导通压降与工作电流的关系类似，如图 2.2（a）所示。

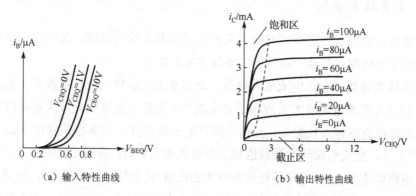

（a）输入特性曲线　　　　　　　　　　（b）输出特性曲线

图 2.2　NPN 型硅 BJT 共发射极连接传输特性

共发射极单管放大电路的输出特性曲线描述了当基极偏置电流 i_B 为某一定值时，集电极电流 i_C 与管压降 V_{CEQ} 之间的关系，如图 2.2（b）所示。

晶体三极管对基极偏置电流有放大作用，当基极偏置电流发生变化时，集电极电流和发射极电流也会随之变化。当电源电压、集电极电阻和发射极电阻的阻值不变时，晶体三极管的管压降会随基极偏置电流的变化而变化。因此，在共发射极单管放大电路中，在基极偏置电流从零开始增大的过程中，晶体三极管会经历 3 种不同的工作状态，其输出特性曲线也被相应地划分为 3 个不同的工作区域：截止区、放大区与饱和区。

（1）截止区

开始时，基极偏置电流很小，不能使发射结正偏，即发射结不能导通，三极管的两个 PN 结都处于反向截止状态，此时，晶体三极管工作在截止区。对于小功率晶体三极管，其基极偏置电流很小。在截止区，流经基极、集电极和发射极的电流都非常小，在工程计算时可以忽略不计，集电极和发射极之间相当于一个断开的开关。

（2）放大区

随着基极偏置电流的增大，发射结逐渐进入导通状态，即发射结正偏、集电结反偏，集

电极电流 i_C 受基极偏置电流 i_B 的控制，即 $i_C = \beta i_B$，此时，晶体三极管工作在放大区。工作在放大区的晶体三极管，其管压降 V_{CEQ} 的变化对集电极电流 i_C 变化的影响很小。在放大小信号时，该影响可以忽略，可以认为是线性放大。

（3）饱和区

当基极偏置电流继续增大，增大到使晶体三极管的发射结和集电结都处于正向偏置状态，即集电极电阻和发射极电阻上的总压降几乎接近于电源电压，晶体三极管的管压降 V_{CEQ} 变得很小时，晶体三极管工作在饱和区。当晶体三极管工作在饱和区时，因管压降 V_{CEQ} 很小，故在工程计算上可以认为集电极电压和发射极电压相等，此时，晶体三极管相当于一个导通的开关，因此，晶体三极管的饱和状态也被称为饱和导通状态。

调试电路时，如果晶体三极管的静态工作点设置得较低，即基极偏置电流较小，当加在基极输入端的交流信号的负半周与偏置信号叠加时，基极电流减小，电流小到不能使发射结导通时，晶体三极管进入截止区，输出信号波形会出现截止失真。

同理，如果晶体三极管的静态工作点设置得较高，即基极偏置电流较大，当加在基极输入端的交流信号的正半周与偏置信号叠加时，基极电流增大，集电极和发射极的电流也增大，集电极电阻和发射极电阻的压降增大，管压降减小。当集电极电流增大到使管压降减小到很小，且发射极和集电极电压比较接近时，会使集电结和发射结都处于正向偏置状态，晶体三极管进入饱和区，输出信号波形会出现饱和失真。

2.1.4　晶体三极管电路设计

按输入回路、输出回路公共端的不同，晶体三极管的单管电路有 3 种组态，分别是共发射极单管电路、共集电极单管电路和共基极单管电路。

不论是哪种组态的电路，若想放大交流信号，则都必须先给放大电路的直流通路设置合适的静态工作电压，在输入端接入动态范围合适的交流输入信号，利用基极电流对集电极电流的放大作用，可在输出端可以得到一个按输入信号规律变化的交流输出信号。

无论是 NPN 型晶体三极管，还是 PNP 型晶体三极管，在作为放大器件被使用时，都必须保证发射结加正向偏置电压，集电结加反向偏置电压。

扫描右面的二维码，观看晶体三极管在作为放大器件被使用时，其内部自由电子和空穴的微观动态变化及电流的流动方向等。

晶体三极管虽然有电流放大作用，但其本身是耗能器件，其放大信号所需要的能量须由直流电源提供，即必须将晶体三极管设定在放大区，它才有放大作用。

1. 共发射极单管放大电路设计基础

共发射极单管放大电路的输入信号从基极加入，输出信号从集电极获取，发射极既在输入回路上，又在输出回路上，因此该电路被称为共发射极单管电路。

典型的共发射极单管放大电路如图 2.3 所示。其直流偏置电路是由直流电源（电压为 V_{CC}），

基极电阻 R_{b11}、R_{b12} 和 R_{b2}，发射极电阻 R_e 和集电极电阻 R_c 组成的。

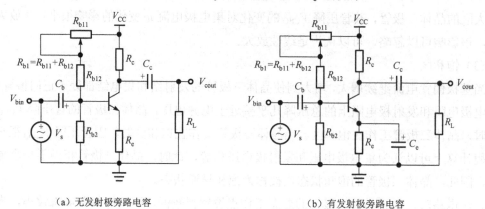

（a）无发射极旁路电容　　　　　　　　（b）有发射极旁路电容

图 2.3　典型的共发射极单管放大电路

图 2.3（a）中的交流输入阻抗为

$$R_i = R_{b1} // R_{b2} // [r_{be} + (1 + \beta)R_e]$$

由此式可知：发射极电阻 R_e 的存在使放大电路的输入阻抗增大。R_{b1} 和 R_{b2} 不可以选用太小的电阻，否则电路的输入阻抗会很小。

在基极静态电压 V_{BQ} 不变的条件下，当温度升高时，流经集电结和发射结的静态工作电流 I_{CQ} 与 I_{EQ} 变大，发射极电压 $V_{EQ} = R_e I_{EQ}$ 升高，发射结的压降 $V_{BEQ} = V_{BQ} - V_{EQ}$ 降低，基极静态工作电流 I_{BQ} 变小，相应的集电结和发射结的静态工作电流 I_{CQ} 与 I_{EQ} 也变小；反之亦然。因此，发射极电阻 R_e 一方面可以稳定放大电路的静态工作点，另一方面还可以增大放大电路的输入阻抗。

图 2.3（a）中的交流输出阻抗为

$$R_o = R_c // R_L$$

交流电压放大倍数为

$$A_v = \frac{-\beta i_b (R_c // R_L)}{i_b r_{be} + (1 + \beta)i_b R_e} = \frac{-\beta (R_c // R_L)}{r_{be} + (1 + \beta)R_e}$$

由此式可知：发射极电阻 R_e 的负反馈作用降低了共发射极单管放大电路对交流信号的放大能力。

为了提高共发射极单管放大电路对交流信号的放大能力，可以在图 2.3（a）的基础上，在发射极和地之间增加一个旁路电容，如图 2.3（b）所示。电容有隔直通交的作用，旁路电容 C_e 不影响静态工作电压。

选择旁路电容 C_e 时，应保证在通频带范围内其容抗相对于发射极电阻 R_e 的阻抗很小。旁路电容 C_e 和发射极电阻 R_e 并联，当有交流信号时，交流信号主要通过旁路电容到地；流经发射极电阻的交流电流相对很小，可以忽略不计。

在交流通路中，旁路电容 C_e 起主要作用，主要用于提高共发射极单管放大电路对交流信号的放大能力，但是，如果旁路电容 C_e 的电容值选择得不合适，不仅会影响对交流信号的放大能力，同时，也会改变输出信号的相位。

图 2.3（b）中的交流输入阻抗为

$$R_i = R_{b1}//R_{b2}//r_{be}$$

因此，加上旁路电容 C_e 后，电路的输入阻抗 R_i 会变小。

交流输出阻抗不变，仍为

$$R_o = R_c//R_L$$

交流电压放大倍数为

$$A_v = \frac{-\beta i_b(R_c//R_L)}{i_b r_{be}} = \frac{-\beta(R_c//R_L)}{r_{be}}$$

共发射极单管放大电路的电压增益和电流增益都大于 1，其输出电压与输入电压的相位相反，输入阻抗介于共集电极单管放大电路输入阻抗和共基极单管放大电路输入阻抗之间，输出阻抗与集电极电阻有关，常被用于处理低频信号的放大。

2. 共发射极单管放大电路的静态工作点设置

用晶体三极管设计单管放大电路，首先应设置晶体三极管的静态工作点，使晶体三极管工作在放大区，以保证单管放大电路可以对小信号进行不失真的交流放大。

两种常用的 NPN 型晶体三极管单管放大电路的静态工作点设置电路如图 2.4 所示。

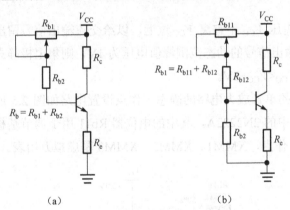

（a）　　　　　　　　　　　（b）

图 2.4　两种常用的 NPN 型晶体三极管单管放大电路的静态工作点设置电路

当晶体三极管的型号确定时，可查到该晶体三极管的主要参数。比如，较为常用的 NPN 型晶体三极管 S9013，其 β 值为 96～246。

图 2.4（a）是基极限流式发射极偏置静态工作点设置电路。偏置电路是由直流电源（电压为 V_{CC}）、基极电阻（阻值分别为 R_{b1}、R_{b2}）、发射极电阻（阻值为 R_e）和集电极电阻（阻值为 R_c）构成的。

在设计静态工作电路时，应先根据晶体三极管的 β 值选取图 2.4（a）中基极和集电极对电源的电阻值。如果选用 S9013 设计该电路，根据查得的 β 值，若想将三极管设置在放大区，则集电极电流至少应为基极电流的 96 倍，因此，基极电阻 R_b 应至少是集电极电阻 R_c 的 96

倍。因 β 值较大，可以认为集电极电流和发射极电流近似相等，集电极电阻 R_c 和发射极电阻 R_e 应选用数量级相等且电阻值相近的电阻，比如都选用 kΩ 级电阻。

考虑静态工作电流和输入阻抗等因素，在设计电路时不宜选择电阻值过小的电阻，通常应选用 kΩ 级以上的电阻。

值得注意的是：因为所设计的是共发射极单管放大电路，需要从集电极获取输出信号，所以集电极静态电压不宜设计得离电源电压过近，需要给输出信号留出足够大的动态输出空间，以保证其不失真。因此，通常情况下，选取的集电极电阻（阻值为 R_c）应略大于发射极电阻（阻值为 R_e）。待基极电阻 R_b、集电极电阻 R_c、发射极电阻 R_e 确定后，可以通过调节电位器 R_{b1} 的电阻值来调节流入基极的偏置电流，从而调节晶体三极管的工作状态，将其设置在放大区。

当基极电位器的电阻值不够大，不能将晶体三极管设置到放大区时，可以在基极对地接一个分流电阻 R_{b2}，如图 2.4（b）所示。分流电阻 R_{b2} 对流入基极的偏置电流有分流作用，可以将部分流入基极的偏置电流分流到地，从而改变晶体三极管的工作状态。

为保证加入交流输入信号后，交流输出信号不至于失真，通常情况下应保证晶体三极管自身有合适的管压降，即在加入交流输入信号后，保证发射极电阻和集电极电阻的压降之和不至于过大而使晶体三极管进入饱和区，也不至于过小而使晶体三极管进入截止区，因此，在设置静态工作电压时，应保证管压降 V_{CEQ} 接近 $1/2 V_{CC}$，在动态范围内保证晶体三极管工作在放大区。

集电极静态工作电压 V_{CQ} 不宜离 V_{CC} 过近，以给交流输出信号留出足够大的动态变化空间。例如，如果交流输出信号的动态范围峰值电压为 1V，则集电极静态工作电压最好低于电源电压 2V 以上，即 $V_{CQ} < V_{CC} - 2V$。

用 Multisim 设计的单管放大电路的静态工作点设置电路如图 2.5 所示。晶体三极管选用了虚拟器件 BJT-NPN 中的 2N2222A，其中的电位器 Rb11 用于调节基极偏置电流，负反馈电阻 Re 用于稳定静态工作点，XMM1、XMM2、XMM3 是虚拟万用表。

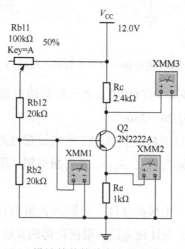

图 2.5　用 Multisim 设计的单管放大电路的静态工作点设置电路

通过改变电位器 Rb11 的参数值可以调节静态工作电压。单击"仿真"按钮，如图 2.6 所示，开始仿真。

图 2.6　单击"仿真"按钮

用虚拟万用表 XMM1、XMM2、XMM3 测量晶体三极管的 3 个引脚对地的压降，分别是 $V_{EQ} = 1.837V$、$V_{BQ} = 2.476V$、$V_{CQ} = 7.62V$，如图 2.7 所示。

电源电压为 12V，集电极电压 V_{CQ}=7.62V，有足够大的变化空间。经计算得：发射结的压降 $V_{BEQ} = 0.639V$，发射结正偏；集电结的压降 $V_{BCQ} = -5.144V$，集电结反偏；管压降 $V_{CEQ} = 5.783V$，足够大。可见，晶体三极管工作在放大区。

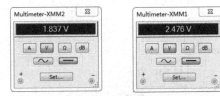

图 2.7　用虚拟万用表测量晶体三极管的 3 个引脚对地的压降

3. 共发射极单管放大电路动态调节

在图 2.5 的基础上，完善交流放大通路。选择合适的输入耦合电容、输出耦合电容、发射极旁路电容、负载电阻并接到电路中。在基极输入端加入交流输入信号，将虚拟示波器 XSC1 的 A、B 通道分别连接到放大电路的输入端和输出端，如图 2.8 所示。

将输入信号设置为有效值 10mV、频率 1kHz 的交流信号，如图 2.9 所示。

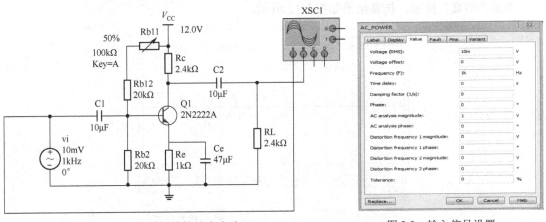

图 2.8　共发射极单管放大电路　　　　　　　　　图 2.9　输入信号设置

当负载电阻值为 2.4kΩ 时，单击"仿真"按钮，仿真结果如图 2.10 所示。

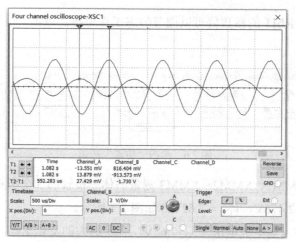

图 2.10　当负载电阻值为 2.4kΩ 时的输入信号、输出信号波形及参数

将负载电阻值改为 100kΩ，如图 2.11 所示。

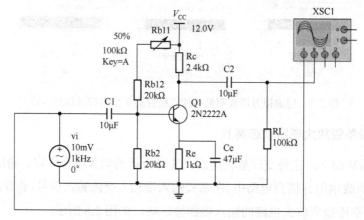

图 2.11　将负载电阻值改为 100kΩ

单击"仿真"按钮，仿真结果如图 2.12 所示。

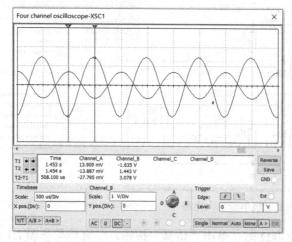

图 2.12　当负载电阻值为 100kΩ 时的输入信号、输出信号波形及参数

将负载电阻去掉，即负载电阻值为∞，如图 2.13 所示。

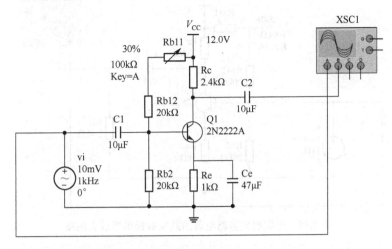

图 2.13　空载时的共发射极单管放大电路

单击"仿真"按钮，仿真结果如图 2.14 所示。

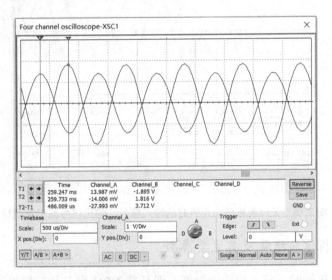

图 2.14　空载时的输入信号、输出信号波形及参数

由图 2.10、图 2.12、图 2.14 可知，在输入信号的幅度和频率不变的条件下，改变负载电阻值将影响输出电压的幅值。负载电阻值越小，输出电压越低，空载时的输出电压最高。

将图 2.8 中的发射极旁路电容去掉，构成无发射极旁路电容的共发射极单管放大电路，如图 2.15 所示。

单击"仿真"按钮，仿真结果如图 2.16 所示。

由图 2.10 和图 2.16 可知，发射极旁路电容可以削弱发射极电阻的交流负反馈作用，增大交流放大倍数。

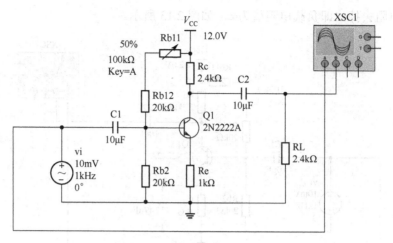

图 2.15　无发射极旁路电容的共发射极单管放大电路

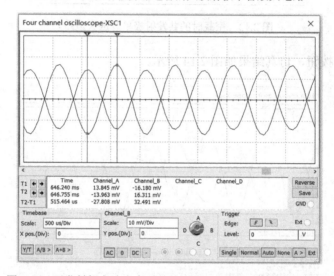

图 2.16　无发射极旁路电容时的输入信号、输出信号波形及参数

2.1.5　常用晶体三极管及其主要参数

在选用晶体三极管时，首先要确定管型，即是选 NPN 型晶体三极管还是选 PNP 型晶体三极管。其次还要考虑集电极最大允许电流 I_{CM}、集电极最大允许耗散功率 P_{CM}、集电极–发射极击穿电压 V_{CEO}、集电极–基极反向击穿电压 $V_{(BR)CBO}$、发射极–基极反向击穿电压 $V_{(BR)EBO}$ 等极限参数是否满足设计要求。如果待处理信号的频率较高，还应考虑晶体三极管的特征频率 f_T、级间电容等高频参数是否满足设计要求。

参数确定好后，即可确定管型。需要特别注意的是：同种型号、不同封装形式的晶体三极管，或不同厂家生产的同种型号、同种封装形式的晶体三极管，其器件参数会略有差别，因此，使用时应查阅相关生产厂家提供的产品数据手册并保证一定的设计裕量。

常用小功率晶体三极管的主要技术参数如表 2.1 所示。

表 2.1　常用小功率晶体三极管的主要技术参数

型　号	类　型	P_{CM}/mW	I_{CM}/mA	$V_{(BR)CBO}$/V	V_{CEO}/V	$V_{(BR)EBO}$/V	h_{FE} 或 β	f_T/MHz
2N5401	PNP	625	600	160	150	5	60～240	100
2N5551	NPN	625	600	180	160	6	80～250	100
S9012	PNP	625	500	40	25	5	64～300	150
S9013	NPN	625	500	40	30	5	96～246	140
S9014	NPN	450	100	50	45	5	60～1000	150
S9016	NPN	300	25	30	20	5	28～270	300
S9018	NPN	400	50	30	15	5	28～198	700
S8050	NPN	625	500	40	25	5	85～300	150
S8550	PNP	625	500	40	25	5	85～300	150

从表 2.1 可以看出，小功率晶体三极管的 β 值范围较宽，即使是同种型号、同种封装形式的晶体三极管，其电流放大系数（β 值）的离散性也较大。小功率晶体三极管 S9018 的特征频率 f_T 较高，高频特性较好，但其集电极最大允许电流 I_{CM} 较小。

图 2.17（a）所示为小功率晶体三极管 TO-92 插件式封装，图 2.17（b）所示为小功率晶体三极管 SOT-23 贴片式封装。小功率晶体三极管常采用这两种封装形式。

（a）TO-92 插件式封装 　　　　　　（b）SOT-23 贴片式封装

图 2.17　晶体三极管常用引脚封装图

2.1.6　NPN 型晶体三极管实验电路

晶体三极管直流放大系数通常在一个较宽的范围内，其具体范围还与其等级有关，比如在表 2.1 中可以查到，S9013 的直流放大系数为 96～246，但是，由于生产批次和等级不同，96～246 范围内的直流放大系数还被划分为 4 个重叠的区域等级，F：96～135；G：118～166；H：144～202；I：176～246，因此，所拿到的每只三极管的直流放大系数都可能不同。

S9013 是一种通用的小功率 NPN 型晶体三极管，其集电极最大允许耗散功率 P_{CM} 为 625W。当用作电子开关时，集电极–发射极的饱和电压的典型值为 0.1V，最大值为 0.25V；S9013 对小信号的线性放大性能较好。S9012 是与其指标配对使用的 PNP 型晶体三极管。

用 S9013 设计静态电路时，其基极偏置电流应小于集电极电流（发射极电流）的 1/96，只有这样，才能保证将管子设置在放大区。因此，在选用基极电阻时，最好应大于发射极电阻（集电极电阻）的 96 倍。

在图 2.18 所示的电路中，改变图中开关的闭合或断开，可以将晶体三极管 VT 设置在放大区、截止区或饱和区。

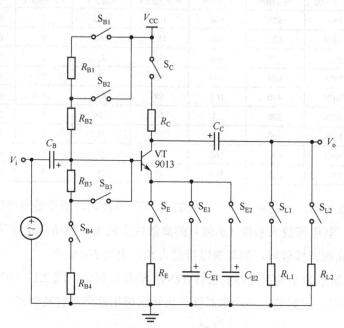

图 2.18　双极型晶体三极管单管放大电路

1. 识别电阻

将全部开关断开，测量下表中电阻的实测值并按要求记录其标称值。

	$R_{B1}/k\Omega$	$R_{B2}/k\Omega$	$R_{B3}/k\Omega$	$R_{B4}/k\Omega$	$R_C/k\Omega$	$R_E/k\Omega$	$R_{L1}/k\Omega$	$R_{L2}/k\Omega$
实测值								
标称值								

2. 测静态

测量并计算下表中的静态工作电压，指出其工作区。

			测试条件（V_{CC}=12V），闭合 S_{B1}、S_{B4}、S_C、S_E，断开 S_{E1}、S_{E2}、S_{L1}、S_{L2}						
序号	S_{B2}	S_{B3}	测 量 值			计 算 值			工作区
			V_{CQ}/V	V_{BQ}/V	V_{EQ}/V	V_{BEQ}/V	V_{BCQ}/V	V_{CEQ}/V	
1	闭合	断开							
2	断开	断开							
3	断开	闭合							

3. 测波形

（1）直流供电电压 V_{CC}=12V，闭合 S_{B1}、S_{B4}、S_C、S_E，断开 S_{E1}、S_{E2}、S_{L1}、S_{L2}，测量并记录静态工作电压，写出其工作区。

（2）将交流输入信号设置为正弦波，频率为 1kHz，峰峰值为 1Vpp，观测输入波形和输出波形并记录在下表中。

闭合 S_{B2}、断开 S_{B3}		输入波形、输出波形
V_{CQ}/V		
V_{BQ}/V		
V_{EQ}/V		
工作区域		
断开 S_{B2}、断开 S_{B3}		输入波形、输出波形
V_{CQ}/V		
V_{BQ}/V		
V_{EQ}/V		
工作区域		
断开 S_{B2}、闭合 S_{B3}		输入波形、输出波形
V_{CQ}/V		
V_{BQ}/V		
V_{EQ}/V		
工作区域		

4. 测放大

将直流供电电压设置为 $V_{CC}=12V$，闭合 S_{B1}、S_{B4}、S_C、S_E，断开 S_{B2}、S_{B3}，将交流输入信号设置为正弦波，频率为 1kHz，观测输入波形和输出波形，测试并记录下表中的数据。

S_{E1}	S_{E2}	S_{L1}	S_{L2}	R_L/kΩ	V_i/mV 峰峰值	v_i/mV 有效值	v_o/mV 有效值	计算 $A_v=\dfrac{v_o}{v_i}$
断开	断开	闭合	断开	2	900			
断开	断开	断开	闭合	100	900			
断开	断开	断开	断开	∞	900			
接通	断开	断开	断开	∞	30			
断开	接通	断开	断开	∞	30			
断开	接通	断开	闭合	100	30			
断开	接通	闭合	断开	2	30			

（1）根据上面的测试数据，分析接在发射极的电阻 R_E 在电路中的作用。

（2）根据上面的测试数据，分析接在发射极的旁路电容 C_E 在电路中的作用。

（3）根据上面的测试数据，分析负载电阻（R_{L1} 和 R_{L2}）在电路中的作用。

5. 测开关特性

（1）测量并记录下表中的静态工作电压，写出正确的工作区。

测试条件（V_{CC}=12V），闭合 S_{B1}、S_{B4}、S_C、S_E，断开 S_{E1}、S_{E2}、S_{L1}、S_{L2}						
序号	S_{B2}	S_{B3}	测 量 值			计 算 值	工作区域
			V_{BQ}/V	V_{CQ}/V	V_{EQ}/V	$V_{CEQ}= V_{CQ} - V_{EQ}$（V）	
1	闭合	断开					
2	断开	闭合					

（2）总结晶体三极管的开关特性。

2.2　场效应管应用电路设计

场效应晶体管 FET（Field Effect Transistor）的导电机制与双极型晶体管 BJT 不同，只有一种载流子（电子或空穴）参与导电，因此，场效应晶体管也被称为单极型器件。

场效应晶体管 FET 的控制特性类似于 20 世纪初发展起来的电真空器件，是一种利用电场效应控制输出电流大小的半导体器件。

场效应管种类繁多，按其基本结构可划分为两大类：金属-氧化物-半导体场效应晶体管 MOSFET（Metal-Oxide-Semiconductor FET）和结型场效应晶体管 JFET（Junction FET）。

根据导电载流子的带电极性划分，MOSFET 可分为 N 沟道（电子型）MOSFET 和 P 沟道（空穴型）MOSFET。根据导电沟道形成机理划分，NMOSFET 和 PMOSFET 还可各自分为增强型（E 型）和耗尽型（D 型）两种，因此，MOSFET 可分为 4 种：增强型 NMOSFET、耗尽型 NMOSFET、增强型 PMOSFET、耗尽型 PMOSFET。

根据导电载流子的带电极性划分，JFET 可分为 N 沟道（电子型）JFET 和 P 沟道（空穴型）JFET，JFET 属于耗尽型场效应管。

2.2.1　FET 基本结构和电路符号

与双极型晶体三极管类似，场效应晶体管也有 3 个引脚，分别为：栅极 G（Gate）、源极 S（Source）和漏极 D（Drain），分别与双极型晶体三极管的基极 B（Base）、发射极 E（Emitter）和集电极 C（Collector）对应。

图 2.19（a）所示为 N 沟道增强型 MOSFET 的电路符号，其栅极与源极和漏极均无电接触，因此称为绝缘栅极。箭头朝向沟道方向表示为 N 沟道；源极和漏极之间断开的短线代表未加入栅极控制电压时源极和漏极之间没有导通沟道，因此是增强型 MOSFET。

图 2.19（b）所示为 N 沟道耗尽型 MOSFET 的电路符号。箭头朝向沟道方向表示为 N 沟道；漏极和源极之间的沟道与增强型不同，当栅极和源极之间的电压为零时，在漏极和源极之间的电压作用下会产生由漏极流向源极的漏极电流，因此是耗尽型 MOSFET。

图 2.19（c）所示为 N 沟道 JFET 的电路符号。箭头的方向表示栅极电流的方向是由 P 指向 N，因此源极和漏极之间的沟道为 N 沟道。JFET 是耗尽型 FET。

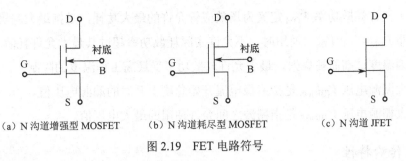

（a）N 沟道增强型 MOSFET　　　（b）N 沟道耗尽型 MOSFET　　　（c）N 沟道 JFET

图 2.19　FET 电路符号

P 沟道增强型 MOSFET、P 沟道耗尽型 MOSFET、P 沟道 JFET 的电路符号与上述三种类型的场效应管相对应，只是沟道箭头的指向与图 2.19 中的方向相反，P 沟道场效应管电路符号中的箭头是由沟道指向外部的。

2.2.2　主要技术参数

场效应管的主要技术参数用来表征其性能优劣及其适用范围，是合理选择和正确使用场效应管的主要依据。场效应管种类繁多，技术参数繁杂，主要技术参数如下。

1. 直流参数

（1）开启电压 V_T 是增强型 MOSFET 的参数，是指在一定的漏源电压 v_{DS} 的作用下开始导电的栅源电压 v_{GS}，即当漏源电压 v_{DS} 为某一定值时，使漏极电流 i_D 等于一个微小电流时的栅源电压 v_{GS}，当栅源电压 v_{GS} 小于开启电压 V_T 时，漏极电流 i_D 近似等于 0。

（2）夹断电压 V_P 是耗尽型 MOSFET 和 JFET 的参数，是指当漏源电压 v_{DS} 为某一定值时，使漏极电流 i_D 等于一个微小电流时的栅源电压 v_{GS}。

（3）直流输入电阻 R_{GS} 是指在漏极和源极短接的情况下，在栅极和源极之间加一定电压时测得的输入电阻，MOSFET 的直流输入电阻通常为 $10^9 \sim 10^{15} \Omega$。

（4）饱和漏极电流 I_{DSS} 是耗尽型 MOSFET 和 JFET 的参数，是指当栅源电压等于 "0" 时，在漏源电压单独作用下所产生的电流。

2. 交流参数

（1）输出电阻 r_{DS} 是指在栅源电压 v_{GS} 等于某一定值时，漏源电压 v_{DS} 对漏极电流 i_D 的影响，是输出特性曲线某一点上切线斜率的倒数。

（2）低频跨导 g_m 是指在漏源电压 v_{DS} 等于某一定值时，漏极电流的微变量和引起这个变化的栅源电压的微变量之比，反映了栅源电压对漏极电流的控制能力，相当于转移特性上工作点的斜率，是表征 FET 放大能力的重要参数。

3. 极限参数

（1）最大漏极电流 I_{DM} 是场效应管正常工作时漏极电流允许的上限值。

（2）最大允许耗散功率 P_{DM} 定义为场效应管允许的最大功耗，是指最大漏极电流和管压降的乘积，即 $P_{DM}=I_{DM}\times V_{DS}$。使用时，不允许实际耗散功率超过其最大允许耗散功率，否则，场效应管会因温度过高而被烧毁，最大允许耗散功率受最高工作温度的限制。

（3）最大漏源电压 $V_{(BR)DS}$ 是指漏极电流开始急剧上升时的漏源电压值。

（4）最大栅源电压 $V_{(BR)GS}$ 是指栅源之间允许使用的最大电压值。

2.2.3　传输特性

1. N 沟道增强型 MOSFET 输出特性

N 沟道增强型 MOSFET 输出特性曲线描述了当栅源电压 v_{GS} 为某一定值时漏极电流 i_D 和漏源电压 v_{DS} 之间的关系，如图 2.20 所示。

当场效应管的栅源电压发生变化时，漏极电流也会随之变化。当电源电压、漏极电阻和源极电阻的阻值不变时，管子的漏源压降会随漏极电流的变化而变化，即随栅源电压的变化而变化，因此，在场效应管共源极单管电路中的栅源电压从零开始增大的过程中，场效应管会经历 3 种不同的工作状态，在其输出特性曲线上分别对应 3 个不同的工作区域：截止区、饱和区（线性放大区）与可变电阻区，如图 2.20 所示。

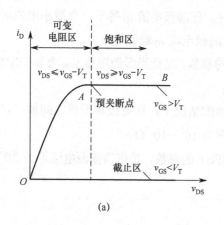
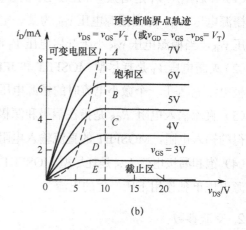

图 2.20　N 沟道增强型 MOSFET 输出特性曲线

对于 N 沟道增强型 MOSFET，当栅源电压 v_{GS} 小于开启电压 V_T，即 $v_{GS}<V_T$ 时，$i_D\approx0$，场效应管工作在输出特性曲线的截止区，如图 2.20 中靠近横轴坐标处。

提高栅源电压，当 $v_{GS}>V_T$，且 $v_{DS}\geqslant v_{GS}-V_T$ 时，漏极电流 i_D 随着漏源电压 v_{DS} 的升高基本保持不变，该区域被定义为饱和区，也称线性放大区。

继续提高栅源电压，当 $v_{GS}>V_T$，且 $v_{DS}\leqslant v_{GS}-V_T$ 时，漏极电流 i_D 随漏源电压 v_{DS} 的升高而迅速增大，该区域被定义为可变电阻区。

当 $v_{GS}=v_{DS}+V_T$，即 $v_{DS}=v_{GS}-V_T$ 时，为预夹断临界点轨迹。

2. N 沟道耗尽型 MOSFET 特性曲线

图 2.21（a）所示为 N 沟道耗尽型 MOSFET 输出特性曲线，其描述了当栅源电压 v_{GS} 为某一定值时，漏极电流 i_D 和漏源电压 v_{DS} 之间的关系。与增强型 MOSFET 的开启电压 V_T 不同，耗尽型 MOSFET 的夹断电压 V_P 为负值，即当栅源电压 v_{GS} 小于"0"时，N 沟道耗尽型 MOSFET 仍然可能工作在饱和区（线性放大区），因此，耗尽型 MOSFET 需要双电源供电。

图 2.21（b）所示为当 $v_{DS}>v_{GS}-V_P$ 时 N 沟道耗尽型 MOSFET 的转移特性曲线，其描述了漏极电流 i_D 和栅源电压 v_{GS} 之间的关系。

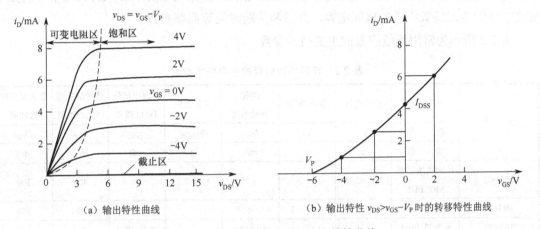

（a）输出特性曲线　　　　　　　　　　　　　（b）输出特性 $v_{DS}>v_{GS}-V_P$ 时的转移特性曲线

图 2.21　N 沟道耗尽型 MOSFET 特性曲线

3. N 沟道 JFET 输出特性曲线

图 2.22（a）所示为当 $v_{GS}=0$ 时 N 沟道 JFET 的输出特性曲线，其描述了当栅源电压 $v_{GS}=0$ 时，漏极电流 i_D 和漏源电压 v_{DS} 之间的关系。

图 2.22（b）所示为 N 沟道 JFET 输出特性曲线，其描述了当栅源电压 v_{GS} 为某一定值时，漏极电流 i_D 与漏源电压 v_{DS} 之间的关系。

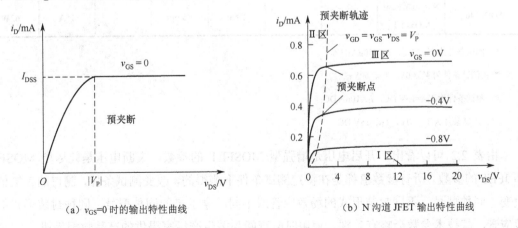

（a）$v_{GS}=0$ 时的输出特性曲线　　　　　　　（b）N 沟道 JFET 输出特性曲线

图 2.22　N 沟道 JFET 输出特性曲线

与耗尽型 MOSFET 相类似，其夹断电压 V_P 为负值，即当栅源电压 $v_{GS}<0$ 时，N 沟道 JFET 仍然可能工作在饱和区（线性放大区），因此，N 沟道 JFET 也需要双电源供电。

2.2.4 常用场效应管及其主要参数

在选用场效应管时，应首先确定其管型，是 N 沟道还是 P 沟道，是 MOS 型还是结型，是增强型还是耗尽型。然后需要查阅相关产品技术手册，确定其开启电压 V_T 或夹断电压 V_P、直流输入电阻 R_{GS}、饱和漏极电流 I_{DSS}、低频跨导 g_m、最大允许耗散功率 P_{DM}、最大漏极连续工作电流 I_{DM}、最大漏源电压 $V_{(BR)DS}$、最大栅源电压 $V_{(BR)GS}$ 等参数。如果待处理信号的频率较高，还应考虑场效应管的极间电容、开启和关断时间等高频参数。

表 2.2 所示为常用场效应管的主要技术参数。

表 2.2 常用场效应管的主要技术参数

型　号	名　称	开启电压	夹断电压	饱和漏极电流	开关电阻	共源小信号 1kHz 跨导	最大漏极连续工作电流	最大允许耗散功率
	符号	V_T	V_P	I_{DSS}	$R_{DS(ON)}$	g_m	I_{DM}	P_{DM}
	单位	V	V	mA	Ω	mS	mA	mW
2N7002	N 沟道增强型 MOSFET	1.1~2.3*		1μ**	1.5~2.1		300	300
2N5484	N 沟道 JFET		−0.3~−3^	1~5^^		3~6^^	30	350
2N5485	N 沟道 JFET		−0.5~−4^	4~10^^		3.5~7^^	30	350
2N5486	N 沟道 JFET		−2~−6^	8~20^^		4~8^^	30	350
IRLML6401	P 沟道增强型 MOSFET	−0.95~−0.4		−1μ	0.05		−4.3A	1.3W
AO3401	P 沟道增强型 MOSFET	−1.3~−0.4		−1μ	<120m		−4.2A	1.4W
IRFP90N20D	N 沟道增强型 MOSFET	3~5		25μ	≤23m		74A	580W
AOD4146	N 沟道增强型 MOSFET	1.6~3		100μ	<5.6m		15A	62W

*：测试条件为 $V_{DS}=V_{GS}$，$I_D=250\mu A$；

**：测试条件为 $V_{GS}=0V$，$V_{DS}=60V$；

^：测试条件为 $V_{DS}=15V\ DC$，$I_D=10nA\ DC$；

^^：测试条件为 $V_{GS}=0V$，$V_{DS}=15V\ DC$。

由表 2.2 可以看出，开启电压是增强型 MOSFET 的参数，夹断电压是耗尽型 MOSFET 和 JFET 的参数。所有参数值都是在特定测试条件下测得的，改变测试条件，测得的参数值会改变。同种型号、不同封装形式的场效应管或不同厂家生产的同种型号、同种封装形式的场效应管，其技术参数会略有差别，使用时应查阅相关生产厂家提供的产品数据手册。

2.2.5 N 沟道增强型 MOSFET 电路设计

参考图 2.23 所示的电路，改变开关的位置，完成下面的实验。

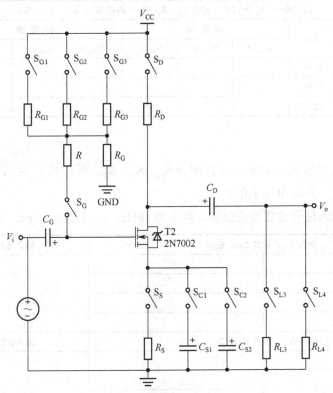

图 2.23 N 沟道增强型 MOSFET 单管电路

2N7002 是一种 N 沟道增强型 MOSFET，其开启电压的典型值为 1.8V。

从产品数据手册可以看出，相对于晶体三极管 S9013，2N7002 的开关速度快，损耗小，漏电流小，能承受的电压高，在电路设计中常被用作开关器件。

N 沟道 MOSFET 场效应管 2N7002 多采用如图 2.24 所示的 SOT-23 贴片式封装。

图 2.24 2N7002 贴片（SOT-23）封装引脚图

1. 识别电阻

将全部开关断开，测量下表中的电阻，并根据电阻上的数字写出其标称值。

	R/MΩ	R_G/kΩ	R_{G1}/kΩ	R_{G2}/kΩ	R_{G3}/kΩ	R_D/kΩ	R_S/kΩ	R_{L3}/kΩ	R_{L4}/kΩ
实测值									
标称值									

2. 测静态

测量并记录下表中的静态工作电压，并指出其工作区。

测试条件（V_{CC}=12V），闭合 S_G、S_S、S_D，断开 S_{C1}、S_{C2}、S_{L3}、S_{L4}									
S_{G1}	S_{G2}	S_{G3}	测 量 值			计 算 值			工作区
			V_{GQ}/V	V_{DQ}/V	V_{SQ}/V	V_{GSQ}/V	V_{DSQ}/V	I_{DQ}/mA	
闭合	断开	断开							
断开	闭合	断开							
断开	断开	闭合							

3. 测波形

（1）直流供电电压 V_{CC}=12V 不变，闭合 S_G、S_D、S_S，断开 S_{C1}、S_{C2}、S_{L3}、S_{L4}，测量并记录静态工作电压，并写出其工作区。

（2）将交流输入信号设置为正弦波，频率为 1kHz，峰峰值为 1Vpp，观测并记录波形。

闭合 S_{G1}，断开 S_{G2}、S_{G3}		输入波形、输出波形
V_{GQ}/V		
V_{DQ}/V		
V_{SQ}/V		
工作区域		
闭合 S_{G2}，断开 S_{G1}、S_{G3}		输入波形、输出波形
V_{GQ}/V		
V_{DQ}/V		
V_{SQ}/V		
工作区域		
闭合 S_{G3}，断开 S_{G1}、S_{G2}		输入波形、输出波形
V_{GQ}/V		
V_{DQ}/V		
V_{SQ}/V		
工作区域		

4. 测放大

直流供电电压 V_{CC}=12V 不变，闭合 S_G、S_{G2}、S_D、S_S，断开 S_{G1}、S_{G3}，将交流输入信号设置为正弦波，频率为 1kHz，测试并计算下表中的交流放大特性。

S_{C1}	S_{C2}	S_{L3}	S_{L4}	R_L/kΩ	v_i（mV）峰峰值	v_i（mV）有效值	v_o（mV）有效值	$A_v=\dfrac{v_o}{v_i}$
断开	断开	闭合	断开	2	900			
断开	断开	断开	闭合	100	900			
断开	断开	断开	断开	∞	900			
接通	断开	断开	断开	∞	30			

续表

S_{C1}	S_{C2}	S_{L3}	S_{L4}	$R_L/\text{k}\Omega$	v_i（mV）峰峰值	v_i（mV）有效值	v_o（mV）有效值	$A_v = \dfrac{v_o}{v_i}$
断开	接通	断开	断开	∞	30			
断开	接通	断开	闭合	100	30			
断开	接通	闭合	断开	2	30			

根据上面的测试数据，分析接在源极的电阻 R_S 在电路中的作用。

根据上面的测试数据，分析接在源极的旁路电容（C_{S1} 和 C_{S2}）在电路中的作用。

根据上面的测试数据，分析负载电阻（R_{L3} 和 R_{L4}）在电路中的作用。

5. 测开关特性

（1）测量并记录下表中的静态工作电压，并写出正确的工作区。

测试条件（$V_{CC} = 12\text{V}$），闭合 S_G、S_D、S_S，断开 S_{G2}、S_{C1}、S_{C2}、S_{L3}、S_{L4}						
S_{G1}	S_{G3}	测 量 值			计 算 值	工作区
		V_{GQ}/V	V_{DQ}/V	V_{SQ}/V	$V_{DSQ} = V_{DQ} - V_{SQ}$（V）	
闭合	断开					
断开	闭合					

（2）总结增强型 MOSFET 的开关特性。

2.2.6　N 沟道 JFET 单管电路

结型场效应晶体管中的结可以是普通的 PN 结，也可以是肖特基势垒栅结，两者的工作频率不同。肖特基势垒栅结场效应晶体管多在高速、高频电路中使用，如在微波放大电路中。小功率 JFET 的高频特性要好于小功率 BJT，因此，高频小信号放大多选用 JFET。

N 沟道 JFET 场效应管 2N5486 多采用如图 2.25 所示的 TO-92 插件式封装。

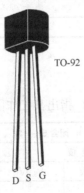

图 2.25　2N5486 的 TO-92 插件式封装引脚图

参考图 2.26 所示的电路，改变开关的位置，完成下面的实验。

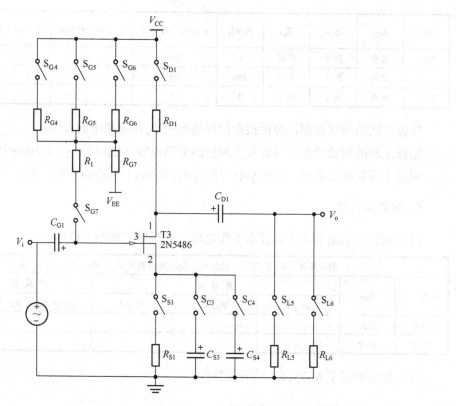

图 2.26　N 沟道 JFET 单管电路

1. 识别电阻

将全部开关断开，测量下表中的电阻，并根据电阻上的数字写出其标称值。

	R_1/MΩ	R_{G4}/kΩ	R_{G5}/kΩ	R_{G6}/kΩ	R_{G7}/kΩ	R_{D1}/kΩ	R_{S1}/kΩ	R_{L5}/kΩ	R_{L6}/kΩ
实测值									
标称值									

2. 测静态

测量并记录下表中的静态工作电压，指出其工作区。

测试条件（V_{CC}=12V，V_{EE}=-12V），闭合 S_{G7}、S_{S1}、S_{D1}，断开 S_{C3}、S_{C4}、S_{L5}、S_{L6}								
S_{G4}	S_{G5}	S_{G6}	测量值			计算值			工作区
			V_{GQ}/V	V_{DQ}/V	V_{SQ}/V	V_{GSQ}/V	V_{DSQ}/V	I_{DQ}/mA	
闭合	断开	断开							
断开	闭合	断开							
断开	断开	闭合							

3. 测波形

直流供电电压 $V_{CC}=12V$，$V_{EE}=-12V$，闭合 S_{G7}、S_{D1}、S_{S1}，断开 S_{C3}、S_{C4}、S_{L5}、S_{L6}，测量并记录静态工作电压，写出其工作区。

将交流输入信号设置为正弦波，频率为 1kHz，峰峰值为 1Vpp，观测并记录输入波形和输出波形。

闭合 S_{G4}，断开 S_{G5}、S_{G6}		输入波形、输出波形
V_{GQ}/V		
V_{DQ}/V		
V_{SQ}/V		
工作区域		

闭合 S_{G5}，断开 S_{G4}、S_{G6}		输入波形、输出波形
V_{GQ}/V		
V_{DQ}/V		
V_{SQ}/V		
工作区域		

闭合 S_{G6}，断开 S_{G4}、S_{G5}		输入波形、输出波形
V_{GQ}/V		
V_{DQ}/V		
V_{SQ}/V		
工作区域		

4. 测放大

直流供电电压 $V_{CC}=12V$，$V_{EE}=-12V$，闭合 S_{G5}、S_{G7}、S_{D1}、S_{S1}，断开 S_{G4}、S_{G6}，将交流输入信号设置为正弦波，频率为 1kHz，测试并计算下表中的交流放大特性。

S_{C3}	S_{C4}	S_{L5}	S_{L6}	R_L/kΩ	v_i/mV 峰峰值	v_i/mV 有效值	v_o/mV 有效值	$A_v=\dfrac{v_o}{v_i}$
断开	断开	闭合	断开	2	900			
断开	断开	断开	闭合	100	900			
断开	断开	断开	断开	∞	900			
接通	断开	断开	断开	∞	30			
断开	接通	断开	断开	∞	30			
断开	接通	断开	闭合	100	30			
断开	接通	闭合	断开	2	30			

（1）根据上面的测试数据，分析接在源极的电阻 R_{S1} 在电路中的作用。

（2）根据上面的测试数据，分析接在源极的旁路电容（C_{S3} 和 C_{S4}）在电路中的作用。

（3）根据上面的测试数据，分析负载电阻（R_{L5} 和 R_{L6}）在电路中的作用。

5. 测开关特性

（1）测量并记录下表中的静态工作电压，并写出正确的工作区。

测试条件（V_{CC}=12V，V_{EE}=-12V），闭合 S_{G7}、S_{D1}、S_{S1}，断开 S_{G5}、S_{C3}、S_{C4}、S_{L5}、S_{L6}					
S_{G4}	S_{G6}	测 量 值			计 算 值	工作区
		V_{DQ}/V	V_{GQ}/V	V_{SQ}/V	$V_{DSQ}= V_{DQ}- V_{SQ}$（V）	
闭合	断开					
断开	闭合					

（2）总结 N 沟道 JFET 的开关特性。

2.3　输入/输出阻抗的测量

输入阻抗是指一个电路输入端的等效阻抗。在输入端加上一个电压源 V，测量输入端的电流 I，则输入阻抗就是 V/I。可以把输入端想象成一个电阻的两端，这个电阻的阻值就是输入阻抗。输出阻抗可以理解为一个信号源的内阻。对于一个理想的电压源，其内阻应该为 0，理想电流源的阻抗应为无穷大。但是，无论是信号源、电源，还是放大电路，其实际输出阻抗都不可能等于 0 或者为无穷大。阻抗匹配问题是指信号源或者传输线与负载之间的搭配方式，是实用电路设计中最为常见的问题之一。

2.3.1　放大电路输入阻抗的测量

当被测电路的输入阻抗在仪器的测量范围内时，其直流输入阻抗可以用万用表等仪器直接测量，而其交流输入阻抗则需要搭接辅助电路进行测量。

为了测量单管放大电路的交流输入阻抗，需要在信号源与被测电路之间串联一个电阻值 R 已知的电阻，如图 2.27 所示。

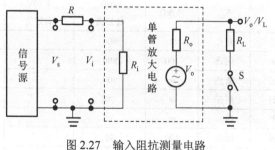

图 2.27　输入阻抗测量电路

在单管放大电路正常工作时，测出信号源的输出电压 V_s 和经过电阻衰减后的单管放大电路的输入电压 V_i，通过计算可得交流输入阻抗 R_i 为

$$R_i = \frac{V_i}{I_i} = \frac{V_i}{\dfrac{V_R}{R}} = \frac{V_i}{V_s - V_i} R$$

在测试电阻值为 R 的电阻两端的交流压降时，不可以直接在电阻两端取信号，而必须先测量电阻两端的对地压降，然后通过计算求出电阻两端的交流压降。

相对于交流输入阻抗 R_i，R 的取值不可以太大，也不可以太小，以免产生较大的测量误差。通常情况下，R 的数量级应与输入阻抗 R_i 一致。

当单管放大电路的输入阻抗 R_i 较大时，在直接测量信号源的输出电压 V_s 和单管放大电路的输入电压 V_i 时，会因受测量仪器内阻的影响而产生较大的测量误差。为了减小测量误差，常利用被测单管放大电路的隔离作用，通过测量输出电压来计算输入阻抗 R_i，其测量电路如图 2.28 所示。

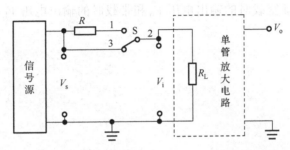

图 2.28　输入阻抗较大时的输入阻抗测量电路

在单管放大电路的输入端串联一个阻值为 R 的辅助测量电阻、一个单刀双置开关 S。开始时，将开关 S 置向位置 3，即使得 $R = 0$，在该状态下测出单管放大电路的输出电压 V_{o1}，则有

$$V_{o1} = A_v V_s$$

保持信号源的输出电压 V_s 不变，将开关 S 置向位置 1，即接入辅助测试电阻，在该状态下测出单管放大电路的输出电压 V_{o2}，则有

$$V_{o2} = A_v V_i = A_v \frac{V_s}{R + R_i} R_i = A_v \frac{R_i}{R + R_i} V_s$$

由以上两式可以推导出

$$R_i = \frac{V_{o2}}{V_{o1} - V_{o2}} R$$

在选用辅助测试电阻时，一定要注意其电阻值与输入阻抗 R_i 相比不可以太大，也不可以太小，否则会产生较大的测量误差。

通常情况下，R 的数量级应与输入阻抗 R_i 的数量级一致。

2.3.2　放大电路输出阻抗的测量

在如图 2.27 所示的电路中，当单管放大电路正常工作时，将开关 S 接通，测出单管放大电路接负载电阻时的输出电压 V_L；然后将开关 S 断开，测出单管放大电路在不接负载电阻时的输出电压 V_o。若输出阻抗用 R_o 表示，则有

$$\frac{V_L}{R_L}=\frac{V_o}{R_o+R_L}$$

经计算可得

$$R_o=\left(\frac{V_o}{V_L}-1\right)R_L$$

注意：必须保证在接入负载电阻的前后，加在单管放大电路输入端的交流输入电压的大小保持不变，以保证空载时的输出电压 V_o 和带载时的输出电压 V_L 是在相同输入条件下测得的。

第 3 章　电源电路设计

电源电路是电子系统设计中必不可少的重要组成单元，是保证电子系统正常工作所必需的能量提供者。电源电路性能的好坏，将直接影响整个电子系统的稳定性和可靠性。

3.1　设计要求及注意事项

3.1.1　设计要求

（1）设计一个实用的电源电路，将市政电网中的 220V/50Hz 交流电变换成指定直流电。

（2）逐级设计各单元电路，详细分析各单元电路的设计过程，画出单元电路原理图，分析说明各主要元器件的选择依据。

（3）设计各单元电路的实现、调试、测试方案和实验数据记录表格，完成单元电路测试，分析各单元电路的测试数据和输入、输出波形是否满足设计要求。

（4）根据前面的设计和分析，画出系统设计框图或系统设计流程图。

（5）根据系统设计框图逐级级联各单元电路，每增加一级电路，必须先测试并检验级联电路是否满足设计要求。级联电路满足设计要求方可继续级联下一级电路；如果级联电路不满足设计要求，则必须先定位问题所在点，完成纠错后方可继续级联下一级电路。否则，一旦系统电路出现故障，就很难排查。

（6）设计系统电路的测试方案和实验数据记录表格，测试系统电路的实验数据和输入、输出波形，详细分析系统电路的测试数据和输入、输出波形是否满足设计要求。

（7）用计算机辅助电路设计或仿真软件（如 Altium Designer、Multisim 等）画出系统电路原理图，记录分析在电路设计过程中遇到的问题，总结并分享电路设计经验。

3.1.2　注意事项

调试电源电路时，应注意以下几个问题。

（1）安装电路前，应检测电源变压器的绝缘电阻，以避免因电源变压器漏电而损坏实验设备，否则严重时甚至会危及人身安全。通常情况下，应采用兆欧表测量各绕组之间、各绕组与屏蔽层之间，以及绕组与铁芯之间的绝缘电阻，绝缘电阻应不小于 1000MΩ。

（2）切记电源变压器的初级绕组和次级绕组不能接反。如果将初级绕组和次级绕组接反，会损坏电源变压器并引起电源故障，严重时甚至会危及人身安全。

（3）在使用集成稳压器件前，应先查阅生产厂家提供的产品数据手册，弄清每个引脚的正确接法。要特别注意公共端引脚不能开路，否则电源电路的输出电压将不稳定。

（4）电源电路的参数受温度、通风、散热等条件的影响较大，因此，在设计电源电路时，应合理考虑并施加散热措施，如加散热片等。

（5）搭接实验电路时，应尽量坚持少用导线、用短导线，盲目使用导线会引入不必要的寄生参量，使实际设计出来的电路参数发生偏离，并增大电路出错概率。

3.2 设计指标

（1）电源变压器初级交流输入电压：～220V/50Hz。

（2）电源变压器次级交流输出电压：能够满足后级负载电路的设计要求。

（3）电源变压器输出功率：能够满足后级负载电路的设计要求。

（4）整流电路：能够满足后级负载电路的设计要求。

（5）滤波电路：能够满足后级负载电路的设计要求。

（6）稳压电路：能够满足所设计系统的供电要求。

3.3 系统设计框图

常用的直流稳压电源系统设计框图如图 3.1 所示。

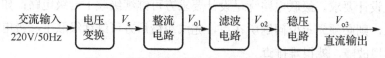

图 3.1 常用的直流稳压电源系统设计框图

3.4 设计分析

多数电子系统的电源电路都从市政电网获取能量，将 220V/50Hz 的市政交流电经电压变换、整流、滤波、稳压后，输出直流电给负载使用，如图 3.1 所示。

如果稳压电路所需能量不是从市政电网获得的，而是直接从电池或者其他直流电源获得的，则在设计电源时，不需要加电压变换、整流电路和滤波电路，可以直接用稳压电路将不稳定的输入电压进行升压或降压处理后给负载使用。

3.4.1 电压变换电路

常用的交流电压变换电路是电源变压器。电源变压器（Transformer）是利用电磁感应原理变换交流电压的一种装置，主要由初级线圈、次级线圈、铁芯或磁芯等构成。通常将连接在 220V/50Hz 市政电网上的绕组定义为初级线圈，将其余绕组定义为次级线圈。次级线圈可以是一个绕组，也可以是多个绕组。每个次级绕组都可以提供至少一组交流输出电压。

　　电源变压器的主要作用是从市政电网获取电路系统所需的能量。下面通过具体的实例介绍电源变压器的主要技术参数及其选型依据。

　　表 3.1 所示为 T8 系列电源变压器的主要技术参数。

表 3.1　T8 系列电源变压器的主要技术参数

型　　号	初级工作电流		次级工作电压		次级最大电流/mA	次级等效阻抗/Ω
	空　载	满　载	空　载	满　载		
T8-01			7.5V	6V	1333	1.3
T8-01B			9.3V	7.5V	1067	2.1
T8-02			11.2V	9V	889	3
T8-03			14.9V	12V	667	5.3
T8-04	≤28mA	≤51mA	18.7V	15V	533	8.3
T8-05			22.4V	18V	444	12
T8-05B			26.1V	21V	381	16.3
T8-06			29.9V	24V	333	21.3
T8-06B			33.6V	27V	296	27

　　T8 系列电源变压器的视在功率为 8V·A，空载时的自损耗≤0.6W，变压器的电压调整率≤20%，正常工作时温升≤22℃，体积为 45mm×37mm×33mm，自重为 195g。

　　电压调整率是电源变压器的重要指标，其定义为当输入电压不变且负载电流从零变化到额定值时输出电压的相对变化量，通常用百分数表示

$$dV = \frac{V_o - V}{V_o} \times 100\%$$

式中，V_o 是电源变压器空载时的输出电压，V 是电源变压器热平衡后的额定满载输出电压。

　　在选择和使用电源变压器时，应注意以下几个问题。

　　（1）电源变压器的输出功率必须能够满足电源负载的设计要求，在工程计算时应给出 20%～50%的设计裕量。具体计算时，除应考虑电源负载功率需求外，还应将电压变换、整流、滤波、稳压等环节的热损耗计算进去。

　　（2）对于降压型稳压电路，电源变压器的满载输出电压经整流、滤波后，应高于稳压器件的最低输入电压要求。但所选电源变压器的输出电压不能太高，如果电源变压器的满载输出电压偏高，那么会导致稳压器件本身的压降偏高，热损耗偏大，散热难度加大。稳压器件长时间工作在高温条件下将会缩短其使用寿命，严重时会造成永久性损坏。

　　（3）如果产品设计成本、布线空间等条件允许，应尽量选用绕组线圈多、体积大的电源变压器。尽量避免选用绕组线圈少的电源变压器，因为绕组线圈越少，电源变压器的热损耗越大，电压调整率越高，带载能力越差。

　　（4）如果电子系统对电源噪声、电磁干扰等要求较高，也可以考虑选用转换效率高、电

磁干扰小、震动噪声小的环形电源变压器。

（5）在使用电源变压器时一定要注意用电安全，应在断电条件下安装、连接电源变压器。上电后，不要用身体的任何部位直接接触电源变压器。

3.4.2　整流电路

整流电路负责将电源变压器输出的交变电信号变换成脉动的直流电，从而输出给滤波电路使用。整流电路主要利用二极管的单向导电性完成整流，因此，整流二极管是构成整流电路的主要器件。根据整流方式的不同，整流电路可以由一个或多个整流二极管构成。

1．半波整流电路

半波整流电路结构简单，用一个二极管就可以实现。在不考虑整流效率的情况下，可以采用半波整流电路对交流信号进行整流。半波整流电路如图 3.2 所示。

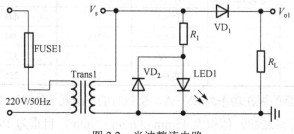

图 3.2　半波整流电路

在图 3.2 所示的电路中，二极管 VD$_1$ 负责整流，其他元器件都是辅助元件。其中 FUSE1 是电源保险丝；Trans1 是电源变压器；LED1 是电源指示灯；R_1 是限流电阻，用于保护发光二极管 LED1；VD$_2$ 是保护用二极管，在交流信号的负半周导通，用以防止发光二极管 LED1 因反向电压过高而被烧毁；R_L 是负载电阻，如果没有负载电阻 R_L，就不能构成完整的整流回路。在负载电阻 R_L 上可以测到整流后的输出波形，如图 3.3 所示。

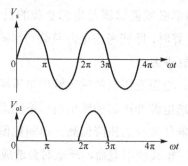

图 3.3　半波整流电路的输入、输出波形

从图 3.3 可知，半波整流电路的输出波形只有输入波形的一半。并且，由于整流二极管 VD$_1$ 也消耗一定的能量，因此，半波整流电路的整流效率理论上应小于 50%。

在设计半波整流电路时，主要考虑整流二极管的额定正向工作电流应高于负载电路所要求的最大工作电流；整流二极管所能承受的最高反向工作电压应高于交流输入信号的峰值电压。实际设计时，整流二极管的额定正向工作电流和最高反向工作电压还应给出 50% 以上的设计裕量，以防止不必要的电路噪声损坏二极管。

2．桥式全波整流电路

在图 3.4 所示的桥式全波整流电路中，4 个整流二极管 $VD_1 \sim VD_4$ 按桥式连接构成整流电路。在交流输入的正半周，电流从电源变压器的 A 端流出，经二极管 VD_1、负载电阻 R_L、二极管 VD_3 后，流回到电源变压器的 B 端，整个过程构成一个完整的电流回路。在交流输入的负半周，电流从电源变压器的 B 端流出，经二极管 VD_4、负载电阻 R_L、二极管 VD_2 后，流回到电源变压器的 A 端，整个过程也构成一个完整的电流回路。在输出负载电阻 R_L 上可以测到桥式全波整流电路的输出波形。桥式全波整流电路的输入、输出波形如图 3.5 所示。

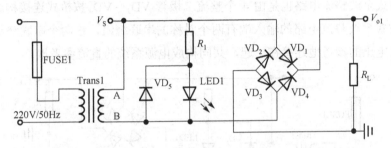

图 3.4　桥式全波整流电路

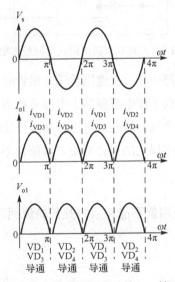

图 3.5　桥式全波整流电路的输入、输出波形

桥式全波整流电路的热损耗主要来自 4 个整流二极管，因此，在不加辅助设计器件时，桥式全波整流电路也不可能将输入信号的全部能量传递给负载，并且，整流电压越低，相对损耗越大，整流效率越低。

和半波整流电路相比，桥式全波整流电路的整流效率高，实际应用中较为常见。

在选用整流二极管时，桥式全波整流电路也应考虑整流二极管的额定正向工作电流要高于负载要求的工作电流；整流二极管所能承受的最高反向工作电压应高于交流输入信号峰值电压的一半。实际电路设计时，整流二极管的额定正向工作电流和最高反向工作电压应给出50%以上的设计裕量，以防止不必要的电路噪声损坏二极管。

某些生产厂家将 4 个整流二极管封装在一起，做成专门用于桥式全波整流的集成整流器件，被称为整流桥（Bridge Rectifier），或称整流桥块。在实际应用中，这种已经封装好的专门用于全波整流的整流桥块较为常见。

3．正负双路输出桥式全波整流电路

正负双路输出桥式全波整流电路如图 3.6 所示。与单路输出桥式全波整流电路相比，正负双路输出桥式全波整流电路也是由 4 个整流二极管 $VD_1 \sim VD_4$ 按桥式连接构成的。但在正负双路输出桥式全波整流电路的输入端有两个对称的串联绕组，这两个串联绕组的公共端必须和直流输出电压的参考地连接在一起，共同构成电源系统的直流参考地。

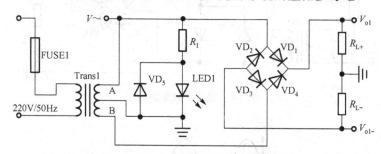

图 3.6　正负双路输出桥式全波整流电路

和单路输出桥式全波整流电路一样，在选用整流二极管时，正负双路输出桥式全波整流电路也应考虑整流二极管的额定正向工作电流要高于电源负载所要求的工作电流；二极管所能承受的最高反向工作电压应高于单个绕组的峰值电压。实际设计时，二极管的额定正向工作电流和最高反向工作电压还应给出 50%以上的设计裕量，以防止不必要的电路噪声损坏二极管。

4．注意事项

在整流电路中，没有负载电阻就不能构成完整的整流回路，因此，在测试整流电路时，必须加负载电阻。

3.4.3　滤波电路

电容器件和电感器件都是储能元件。利用电容两端电压的变化或流经电感器电流的变化，电容器或电感器可以完成先将能量存储，再释放的传递过程。

在图 3.7 所示的滤波电路中，V_{o1} 是整流电路输出的直流脉动信号。变化的直流脉动信号 V_{o1} 使电路中的电容器两端的电压或流经电感器的电流发生变化，通过抑制直流脉动信号的变化

趋势，电容器或电感器可以将直流脉动信号中的部分纹波滤除，达到平滑输入信号的目的。

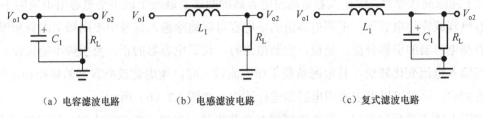

（a）电容滤波电路　　　　（b）电感滤波电路　　　　（c）复式滤波电路

图 3.7 常用的滤波电路

比较常用的滤波电路有三种，如图 3.7 所示。其中图 3.7（a）是电容滤波电路，图 3.7（b）是电感滤波电路，图 3.7（c）是复式滤波电路。其中，R_L 是负载电阻。用电容滤波时，电容器应与负载电阻并联；用电感滤波时，电感器应与负载电阻串联。

1．滤波电路设计

在图 3.7（a）所示的电容滤波电路中，当输入脉动信号 V_{o1} 上升时，滤波电容 C_1 进行充电，完成储能过程；当输入脉动信号 V_{o1} 开始下降时，滤波电容 C_1 开始充当电源，将存储的能量释放。在每个变化周期内，滤波电容都能完成一次能量的存储和释放过程，使输出电压 V_{o2} 维持在一个相对稳定的电压值上，其输入、输出波形如图 3.8 所示，图中虚线表示 V_{o1}，实线表示 V_{o2}。

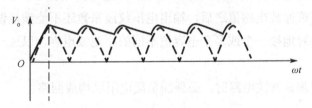

图 3.8 电容滤波电路的输入、输出波形

电容滤波电路主要在负载电流相对较小的电源电路中使用。

选择滤波电容时，必须保证在电容两端能量释放的过程中，电容器不能将存储的能量全部释放。并且，为保证滤波电路输出电压 V_{o2} 的纹波较小，滤波电容在放电过程中所释放的相对能量应越小越好，即充放电时间常数 $\tau = R_L C_1$ 越大越好。式中，R_L 是负载电阻值，C_1 是滤波电容值。

由以上分析可知，滤波电容值越大，其释放能量的相对速率越低，输出电压纹波系数越小，输出电压越平滑，滤波效果越好。因此，在设计条件允许的情况下，应尽量选用电容值较大的电容器作为滤波电容。

在选择滤波电容时，除了要考虑电容值，还要考虑电容器的标称耐压值。电容器的标称耐压值应高于加在电容器两端的最大电压值。并且，在工程设计时，通常还要求电容器的标称耐压值至少高于加在电容器两端最大电压值的 50%。

大容量滤波电容器有较大的寄生电感，寄生电感会使滤波电容器的高频旁路作用大打折扣。为了滤除高频噪声，应在大容量滤波电容器的两端并联一个或多个电容值不同的小电容，如独石电容或瓷片电容等。不同电容值的小电容可以滤除输入信号中不同频率的高频噪声。

有些电容器的引脚分正、负极，安装电路时，切记电容器的正、负引脚不能接反。

当输入电流变化较快，且电源负载工作电流较大时，考虑滤波电容器的体积和电路成本等条件制约，这时可以考虑采用电感器进行滤波，如图 3.7（b）所示。

选用电感器进行滤波时，应将电感器与负载串接。当输入电流增大时，流过电感器的电流也发生变化，电感器将一部分电能转化成磁场能量并存储起来。当输入电流开始减小时，电感器产生反向电动势阻止输入电流变化，即将存储的磁场能量释放，从而滤除输入信号中的部分纹波，达到平滑输入信号的目的。

选用滤波电感时，要求基波感抗应足够大，即 ωL 应足够大，最好能远大于负载电阻 R_L；同时，还应考虑滤波电感器的额定工作电流必须满足设计要求。

有时为了改善滤波效果，在电感滤波电路的输出端对地并接一个或多个滤波电容，构成复式滤波电路，如图 3.7（c）所示。

2. 注意事项

输出电压纹波系数是滤波电路的重要参数，如果测得的输出电压纹波系数较大，应考虑增大滤波电容值或滤波电感值。在复式滤波电路中，也可以考虑同时增大这两个参数值。如果在增大滤波电容值或滤波电感值之后，输出电压纹波系数还不能满足设计要求，则应考虑在滤波电路的输出端对地接一个或多个电容值不同的小滤波电容，以进一步滤除输出信号中的高频噪声。

应特别注意：在测试滤波电路时，必须加负载电阻以构成回路。

3.4.4　稳压电路

经过整流、滤波处理后的直流电源虽然比较平滑，但稳定性较差，当输入电压发生波动或者负载发生变化时，都会导致输出电压变化。对于要求稳定供电的电子系统，还必须对整流、滤波后的电源信号进行稳压处理才能使用。

根据稳压电路所采用的稳压器件的不同，稳压电路可分为：线性直流稳压电源、开关型直流稳压电源和电压基准源。

1. 线性直流稳压电源

线性直流稳压电源多采用线性集成稳压器件进行稳压。用线性集成稳压器件设计的稳压电路具有外围电路简单、输出电压稳定、纹波系数小、电路噪声低等优点。

线性集成稳压器件有多种不同的分类方法。按稳压器件自身压降的大小来区分，线性集成稳压器件可分为通用型线性稳压器件和低压差型线性稳压器件。按输出电压是否可调来区分，线性集成稳压器件可分为固定输出线性稳压器件和可调输出线性稳压器件。按输出电压的极性不同来区分，线性集成稳压器件还可分为正电压输出线性稳压器件和负电压输出线性稳压器件等。

（1）固定输出线性直流稳压电源

LM78××系列和 LM79××系列三端线性集成稳压器件是常用的固定输出线性集成稳压器件。其中，LM78××系列稳压器件的输出电压为正电压，LM79××系列稳压器件的输出电压为负电压。两种系列均有 5V、6V、9V、12V、15V、18V、24V 等输出电压产品。

LM78××系列和 LM79××系列三端线性集成稳压器件内部均设计有短路保护和过热保护电路，可以预防因电路瞬时过载而造成的器件永久性损坏。

LM78××系列和LM79××系列产品后面的两位数字代表该器件可以输出的标称电压值。两种系列产品的引脚封装顺序并不相同，如图 3.9 所示，使用时要特别注意。

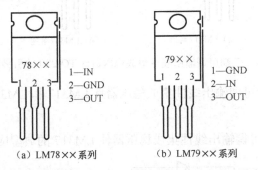

图 3.9　三端固定输出线性集成稳压器件 TO-220 的引脚封装图

图 3.10 所示为用三端线性集成稳压器件 LM7805 和 LM7905 设计的±5V 输出直流稳压电源。该电源从 220V/50Hz 市政电网中获得能量，先由电源变压器 T15-07 进行电压变换，再经过桥式整流、电容滤波后输出给 LM7805 和 LM7905 进行稳压处理。

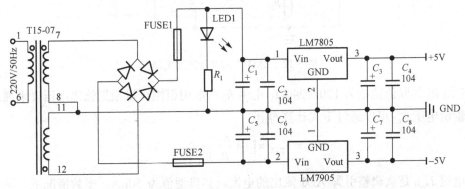

图 3.10　用 LM7805 和 LM7905 设计的±5V 输出直流稳压电源

在图 3.10 所示的电路中，在稳压器件 LM7805 和 LM7905 的输入端、输出端分别并联了两个电容值不同的电容，大电容用来滤除电源中的低频杂波，抑制负载变化引起的电压波动；小电容用于滤除电源中的高频杂波。

（2）可调输出线性直流稳压电源

LM317 是三端可调正电压输出线性集成稳压器件，LM337 是三端可调负电压输出线性集成稳压器件。与三端固定输出线性集成稳压器件一样，三端可调输出线性集成稳压器件 LM317 和 LM337 的内部也设计有过流保护和过热保护电路。两者之间的主要区别是：三端可调输出线性集成稳压器件 LM317 和 LM337 用调整引脚 ADJ 代替了三端固定输出线性集成稳压器件的接地引脚 GND。图 3.11 所示为三端可调输出线性集成稳压器件的引脚封装图。

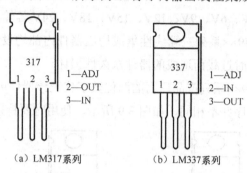

（a）LM317系列　　　　（b）LM337系列

图 3.11　三端可调输出线性集成稳压器件 TO-220 的引脚封装图

由图 3.11 可知，三端可调输出线性集成稳压器件 LM317 和 LM337 的引脚排序并不相同，使用时要特别注意。

图 3.12 所示为三端可调输出线性集成稳压器件 LM317 的典型应用电路。

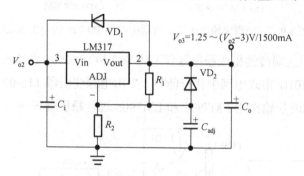

图 3.12　LM317 的典型应用电路

其中，电阻 R_1 的取值范围为 $120\sim240\Omega$。电阻 R_2 的取值范围可以根据输出电压要求通过计算得到。输出电压 V_{o3} 可以通过下式计算得到

$$V_{o3} = V_{REF} \times \left(1 + \frac{R_2}{R_1}\right) + I_{ADJ} \times R_2$$

式中，电流 I_{ADJ} 是从调整引脚 ADJ 流出的电流，其典型值为 $50\mu A$，多数情况下，该电流对输出电压的影响很小，可以忽略不计。参考电压 V_{REF} 是输出引脚 Vout 与调整引脚 ADJ 之间的电势差，其典型值为 1.25V。通过改变接在调整引脚 ADJ 上的两个电阻 R_2 和 R_1 的比值，可以改变输出电压值 V_{o3}。

图 3.12 中的电容 C_i、C_o、C_{adj} 是滤波电容，用于抑制电源信号中的纹波噪声。电容 C_{adj}

可以不加, 但是如果加了电容 C_{adj}, 就必须加上保护用二极管 VD$_2$。保护用二极管 VD$_2$ 给电容 C_{adj} 提供了放电通路。VD$_1$ 也是保护用二极管, 用于给电容 C_o 提供放电通路。两个保护用二极管主要用于在特殊情况下给对应电容提供放电通路, 以防止存储在电容两端的电荷进入芯片内部的低阻抗回路从而烧毁稳压器件。

LM337 的用法与 LM317 相似, 具体使用时可以参考生产厂家提供的产品数据手册。

2. 开关型直流稳压电源

线性直流稳压电源的缺点是当调整压差较大时, 很大一部分能量会以发热的形式消耗在电压调整管上, 转换效率低。

开关型直流稳压电源主要利用电压调整管的饱和导通与截止两种状态来调整输出电压, 其饱和导通压降与截止穿透电流都很小, 因此, 开关型直流稳压电源的能量损耗小, 转换效率高。多数开关型直流稳压电源的转换效率可高达 80%～90%。

开关型直流稳压电源的缺点是输出电压纹波系数高, 通常会给电子系统带来高频干扰。并且开关型直流稳压器件对芯片外部的元器件要求较高, 电路结构相对复杂。

LM2576 是一种较为常用的降压开关型集成稳压器件, 其芯片内部集成了振荡器、基准源、保护电路等, 只需少量外围器件, 就可以实现高性能的开关型直流稳压电源。

图 3.13 所示为开关型集成稳压器件 LM2576 的引脚封装图。

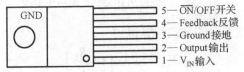

图 3.13　开关型集成稳压器件 LM2576 的引脚封装图

LM2576 系列开关型集成稳压器件的最大允许输入电压为 45V, 最高可以提供 3A 的连续输出电流。固定输出电压有 3.3V、5V、12V 三种类型, 可调输出电压在 1.23～35V 范围内连续可调。

图 3.14 所示为开关型集成稳压器件 LM2576-5 的典型应用电路。

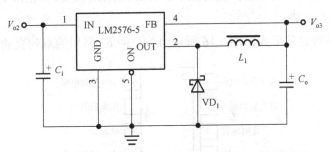

图 3.14　开关型集成稳压器件 LM2576-5 的典型应用电路

在图 3.14 中, 电感值 L_1 的选取与电源的工作频率、输出电压的纹波、输出电流等参数有关。在规定范围内，电感值越大，输出电压的纹波越小，电压转换效率越高，但最大输出电流会越小。反之，电感值越小，输出电压的纹波越大，电压转换效率越低，但最大输出电流会越大。在 LM2576 产品数据手册中，有详细的电感值选择表供用户参考。

图 3.14 中的二极管 VD_1 必须选用高频肖特基二极管，其额定正向工作电流应不小于电源负载要求的最大工作电流的 1.2 倍，最高反向工作电压应大于加在其两端最大电压的 1.25 倍。输入电容 C_i 和输出电容 C_o 可以根据产品数据手册选取，同时还必须考虑电容的额定耐压值应满足工程设计要求。

图 3.15 所示为用可调输出开关型集成稳压器件 LM2576-ADJ 设计的可调输出开关型直流稳压电源。其电路结构、元器件参数与固定输出开关型直流稳压电源类似，不同的是，可以通过改变电阻 R_1 和 R_2 的比值达到调整输出电压 V_{o3} 的目的。

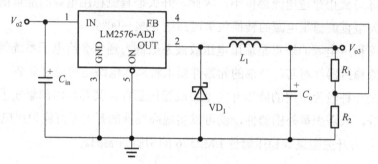

图 3.15   可调输出开关型直流稳压电源

输出电压 V_{o3} 可以通过下面的公式计算得到

$$V_{o3} = 1.23 \times \left(1 + \frac{R_2}{R_1}\right)$$

式中，1.23V 是反馈引脚的输出电压，该电压值由芯片内部决定。电阻 R_1 的取值范围为 1～5kΩ，电阻 R_2 的取值范围需要根据输出电压的要求通过计算得到。

另外一种较为常用的开关型集成稳压器件是 MC34063。与 LM2576 相比，MC34063 的输出能力相对较差，在采用 DIP8 封装的 MC34063 降压应用时，12V 输入，5V 输出，连续输出电流只有 0.5A。MC34063 体积小，温升低，不需要加散热片就可以正常工作，在小功率批量应用时具有价格成本优势。

MC34063 有多种封装形式，图 3.16 所示为 MC34063 常用的双列直插引脚封装图。

图 3.16   MC34063 常用的双列直插引脚封装图

采用不同接法，开关型集成稳压器件 MC34063 可以实现升压、降压、反向变换等多种电源。通过外扩开关管，MC34063 还可以实现更大的电流输出。

图 3.17 所示为用开关型集成稳压器件 MC34063 设计的降压型开关电源。

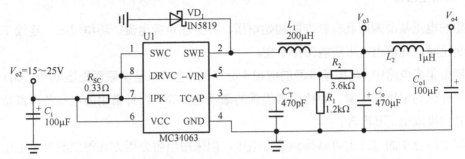

图 3.17 用开关型集成稳压器件 MC34063 设计的降压型开关电源

通过改变外部器件的连接方式，开关型集成稳压器件 MC34063 可以实现升压型开关电源，如图 3.18 所示。

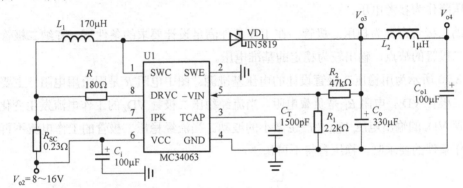

图 3.18 用开关型集成稳压器件 MC34063 设计的升压型开关电源

用开关型集成稳压器件 MC34063 设计的反向变换型开关电源如图 3.19 所示。

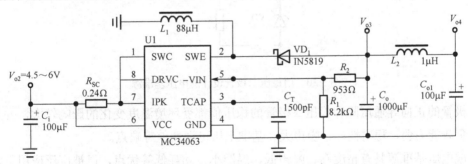

图 3.19 用开关型集成稳压器件 MC34063 设计的反向变换型开关电源

具体应用时，应充分发挥线性稳压器件和开关型稳压器件的优点，两者结合使用，以得到高效率、低纹波的稳压电源。例如，当需要从+40V 直流电源稳压到+5V 输出时，不可以直接用 LM7805 进行线性稳压，因为 LM7805 的最大允许输入电压是 25V。为了能够得到从+40V变换到+5V 的直流稳压电源，可以先用开关型稳压器件 LM2576-ADJ 进行一次降压，输出 7.5V

的直流电源，然后用线性稳压器件 LM7805 进行进一步稳压，最后得到+5V 输出的线性直流稳压电源。

3．电压基准源

理想的电压基准源应具有精准的初始电压，并且在负载电流、环境温度、连续工作时间等发生变化时，其输出电压应能保持不变。

在模拟集成电路中，电压基准源的应用十分广泛，它可以是串联型稳压器件、A/D 或 D/A 转换器件提供的电压基准源、为传感器提供的激励电压等。两种常用的电压基准源是齐纳电压基准源和集成电压基准源。

采用电阻分压的方式也可以得到参考电压，但采用电阻分压方式得到的参考电压并不稳定，其电压值会随负载的变化而变化。

二极管的正向导通压降相对稳定，对于特定型号的二极管，在驱动电流不变的条件下，其正向导通压降基本保持不变。因此，当电路对基准电压要求不高时，也可以用二极管的正向导通压降作为参考电压。

齐纳二极管也称为稳压二极管，在工作条件满足设计要求的条件下，齐纳二极管可以克服普通二极管的缺点，输出较为稳定的基准电压。

图 3.20 所示为用稳压二极管设计的电压基准源。图中电阻 R 是限流用电阻，主要用于保护稳压二极管 VD_z，电阻 R_L 是负载电阻。当流经稳压二极管 VD_z 的工作电流发生变化时，稳压二极管 VD_z 的输出电压 V_{DZ} 会产生微小的波动。当流经稳压二极管的工作电流不再满足稳压管工作条件的要求时，稳压管将不再稳压。

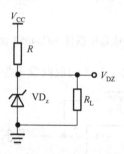

图 3.20　用稳压二极管设计的电压基准源

二极管的正向导通压降和稳压二极管的稳压值都受环境温度变化的影响较大，并且两者都存在负载能力弱、稳定性差、噪声大、基准电压可调性差等缺点。

集成电压基准源具有精度高、噪声低、温漂小、功耗低等优点，已被广泛应用于电压调整器、数据转换器（ADC、DAC）、集成传感器等器件中。

比较常用的集成电压基准源有 LM385 和 TL431。集成电压基准源 LM385 分为两大类：固定输出和可调输出。

图 3.21 所示为采用 TO-92 封装的 LM385 的引脚封装图。固定输出的 LM385 有两个有用

引脚、一个空引脚；可调输出 LM385 有三个有用引脚。

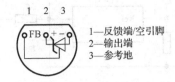

图 3.21 集成电压基准源 LM385 的引脚封装图（顶视）

集成电压基准源 LM385 的静态工作电流极小。固定输出 LM385 的最小工作电流只有 15μA，工作在 100μA 时，输出电阻仅为 1Ω，常用输出电压有 1.2V 和 2.5V 两种。可调输出 LM385 的工作电流为 10μA～20mA，输出电压在 1.24～5.30V 范围内连续可调。集成电压基准源 LM385 的长期稳定性好，平均可达 20ppm/kHr。

图 3.22 所示为集成电压基准源 LM385 的典型应用电路。其中电阻 R_1 是器件供电用限流电阻。V_{o5} 是集成电压基准源 LM385 的输出电压。在图 3.22（b）中，可调输出电压 V_{o5} 可以通过改变电阻 R_2、R_3 的比值来调整，具体可以通过如下公式计算得到

$$V_{o5} = 1.24 \times \left(1 + \frac{R_3}{R_2}\right)$$

式中，1.24V 是反馈端 FB 与参考地之间的电势差。

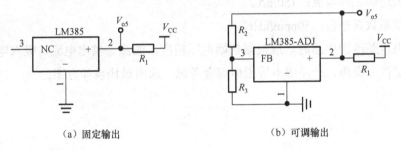

（a）固定输出   （b）可调输出

图 3.22 集成电压基准源 LM385 的典型应用电路

另外一种比较常用的可调输出集成电压基准源是 TL431。图 3.23 所示为集成电压基准源 TL431 的引脚封装图。两种封装形式的 TL431 都只有三个有用引脚，其中 SO-8 封装的 TL431 有 5 个空引脚。

（a）TO-92封装   （b）SO-8封装

图 3.23 集成电压基准源 TL431 的引脚封装图

集成电压基准源 TL431 的典型应用电路如图 3.24 所示。

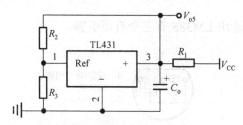

图 3.24　集成电压基准源 TL431 的典型应用电路

可调输出电压 V_{o5} 可以通过改变电阻 R_2 和 R_3 的比值，根据以下公式计算得到

$$V_{o5} = V_{REF} \times \left(1 + \frac{R_2}{R_3}\right) + I_{REF} \times R_2$$

其中，参考电流 I_{REF} 很小，其典型值为 1.8μA，多数情况下，该电流对输出电压 V_{o5} 的影响可以忽略不计。V_{REF} 是参考电压输出端 Ref 与参考地之间的电势差，其典型值为 2.495V。电阻 R_1 是供电用限流电阻。电容 C_o 是滤波电容，主要用于滤除输出电压 V_{o5} 中的高频噪声。集成电压基准源 TL431 的输出电压范围宽，可在 2.5～36V 范围内连续可调，器件特点如下。

（1）最大输出电压：36V。

（2）动态输出电阻的典型值：0.22Ω。

（3）可供给负载电流：1～100mA。

（4）最大连续工作电流：150mA。

（5）温度系数典型值：50ppm/kHr。

在设计电压基准源电路时，应根据初始电压精度、温漂、供出电流、吸入电流、静态电流、长期稳定性、噪声、产品成本等指标综合考虑，选出最佳设计方案。

第4章 压控函数发生器设计

压控函数发生器是模拟电子技术课程设计中一个比较综合的系统设计题目，设计内容涵盖电压跟随器、反相放大器、同相放大器、反相积分器、迟滞比较器、差分放大器等多种基本单元电路，是一个综合运用模拟电子技术基础知识解决实际问题的典型模拟电子技术课程设计教学案例。设计过程涉及电路参数计算、元器件参数设定、级间匹配、反馈控制、电压钳位、信号动态范围、元器件选型等多种工程实际问题。

4.1 设计要求及注意事项

4.1.1 设计要求

（1）设计一个至少可以输出方波、三角波、正弦波这三种波形的压控函数发生器。

（2）根据设计目标要求逐级设计各单元电路，详细分析各单元电路的设计过程，画出单元电路原理图，分析主要元器件的选择依据。

（3）设计各单元电路的实现、调试、测试方案和实验数据记录表格，完成单元电路测试，分析各单元电路的测试数据和输入、输出波形是否满足设计要求。

（4）根据前面的设计与分析，画出系统设计框图或系统设计流程图。

（5）根据系统设计框图逐级级联各单元电路，每增加一级电路，必须先测试并检验级联后的电路是否满足设计要求。如果级联电路满足设计要求，可继续级联下一级电路；如果级联电路不满足设计要求，则必须先定位问题所在点，完成纠错后方可继续级联下一级电路。否则，一旦系统电路出现故障，就很难排查。

（6）设计系统电路测试方案和实验数据记录表格，测试系统电路的实验数据和输入、输出波形，详细分析系统电路的测试数据和输入、输出波形是否满足设计要求。

（7）用计算机辅助电路设计或仿真软件（如 Altium Designer、Multisim 等）设计与仿真压控函数发生器，分析在电路设计过程中遇到的问题，总结并分享电路设计经验。

4.1.2 注意事项

（1）选择集成运算放大器应考虑单位增益带宽是否满足系统设计要求。

（2）信号频率与多个电路参数有关，设计电路时，应综合考虑各参数之间的关系。

（3）在搭接实验电路前，应先切断电源，对系统电路进行合理布局。布局布线应遵循"走线最短"原则。通常，应按信号的传递顺序逐级进行布局布线。带电作业容易损坏电子元器件并引起电路故障。

（4）搭接实验电路时，应尽量坚持少用导线、用短导线，盲目使用导线会引入不必要的寄生参量，使实际设计出来的电路参数发生偏离，并增大电路出错概率。

（5）系统电路安装完毕后，不要急于通电，应仔细检查元器件引脚有无接错，测量电源与地之间的阻抗。如果发现存在阻抗过小等问题，应及时纠错后方可通电。

（6）接通电源时，应注意观察电路有无异常现象，如元器件发热、异味、冒烟等。如果发现有异常现象，应立即切断电源，待故障排除后方可通电。

（7）检测电路功能时，应首先测试各单元电路的静态工作点是否正常，待各单元电路的静态工作点调试正确后，方可加入交流信号进行动态功能测试。

（8）检验电路动态功能时，应顺着交流信号的流动方向用示波器逐级检测，同时观察输入、输出波形是否满足设计要求。

4.2　设计指标

（1）可以输出方波、三角波、正弦波等多种波形。

（2）输出信号频率和幅值连续可调。

（3）输出波形特性：

① 对于 1kHz 的方波，在进行最大幅度输出时，信号的上升时间 $t_r < 20\mu s$；

② 三角波的失真系数 $\gamma < 2\%$；

③ 正弦波的失真系数 $\gamma < 5\%$。

4.3　系统设计框图

函数发生器也称信号发生器或波形发生器，主要用来产生特定的时间函数，如正弦波、方波、三角波、矩形波、锯齿波等。

波形发生器有多种设计方案，不同的设计方案产生波形的顺序不同。可以先通过正弦波振荡电路产生正弦波，然后用迟滞比较器产生方波，再用线性积分电路产生三角波。也可以先用极性变换电路将直流电压信号转换成方波信号，再用线性积分电路产生三角波，最后利用差分放大电路的非线性特性或者利用滤波电路将三角波转换成正弦波。

不同的设计方案应该选用不同的电路来实现，但产生某种特定波形的电路通常是固定的。如方波经线性积分电路后可以产生三角波；三角波或正弦波经过迟滞比较电路后可以产生方波或矩形波。产生正弦波的电路有多种，可以用正弦波振荡电路直接产生，也可以通过低通滤波器对三角波或方波进行基频滤波产生，还可以利用差分放大电路的非线性电压传输特性，进行非线性变换从而将三角波转换成正弦波。

在图 4.1 所示的压控函数发生器系统设计框图中，直流电压产生电路将供电电源变成直流电压信号 V_{o1} 并输出。V_{o1} 经电压跟随器、极性变换电路后，输出方波信号 V_{o3} 给线性积分器。线性积分器将方波输入信号 V_{o3} 转换成同频率的三角波信号 V_{o4} 并输出给迟滞比较器、正弦波产生电路和增益连续可调线性放大电路。三角波 V_{o4} 经迟滞比较器变成同频率的方波信号 V_{o5}。方波信号 V_{o5} 经单极性控制电路产生同频率的反馈控制信号 V_{o6}，反馈控制信号 V_{o6} 控制极性变换电路产生同频率的方波信号 V_{o3}。迟滞比较器输出的方波信号 V_{o5} 经双向钳位电路处理成正、负幅值对称的方波信号 V_{o7}。三角波 V_{o4} 经正弦波产生电路变换成正弦波信号 V_{o8}。信号 V_{o4}、V_{o7}、V_{o8} 分时复用增益连续可调线性放大电路，分时输出特定波形 V_o。

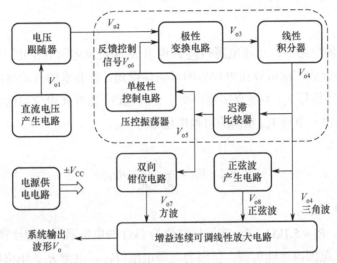

图 4.1　压控函数发生器系统设计框图

在图 4.1 中，极性变换电路、线性积分器、迟滞比较器、单极性控制电路构成压控振荡器。系统信号的频率受直流电压信号 V_{o1}（V_{o2}）的控制。通过调节直流电压信号 V_{o1} 的幅值，可以调节系统信号的输出频率。

4.4　设计分析

在设计压控函数发生器时，首先应设计直流电压产生电路；然后设计极性变换电路，将直流电压信号转换成方波信号并输出；方波信号经线性积分器处理后可以变成三角波信号输出；三角波信号经差分放大电路或滤波电路后可以转换成正弦波信号输出。

4.4.1　直流电压产生电路

如图 4.2 所示，直流电压产生电路可以采用电阻分压方式实现。由于电阻分压方式产生的直流电压信号受其输出端负载变化的影响较大，因此，需要在电阻分压电路的输出端加上一级电压跟随器，以消除负载变化对直流输出电压 V_{o1} 的影响。

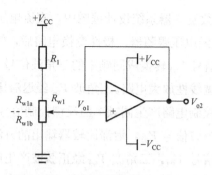

图 4.2　直流电压产生电路

1．电路设计

在图 4.2 所示的电路中，直流电源+V_{CC} 经电阻 R_1 和可调电阻 R_{w1} 分压后，只要电阻值和电位器参数选择得合适，就可以在电位器的可调端得到设计要求的直流电压信号。考虑阻抗匹配问题，直流电压信号 V_{o1} 不能直接输出给下一级电路，需要在电位器的可调端加一级电压跟随器做缓冲，输出一个与 V_{o1} 相同的可调电压信号 V_{o2}。

输出电压 V_{o1} 为

$$V_{o2} = V_{o1} = \frac{V_{CC}}{R_1 + R_{w1}} R_{w1b}$$

式中，　$R_{w1} = R_{w1a} + R_{w1b}$。

当+$V_{CC} = 12V$，$R_1 = 5.1k\Omega$，R_{w1} 选用标称值为 $1k\Omega$ 的电位器时，经计算得：输出电压 V_{o1}（V_{o2}）在 0～1.96V 范围内连续可调。但因为电源电压+V_{CC}、电阻 R_1、电位器 R_{w1} 的实测值与标称值之间存在误差，所以实测得的电压可调范围与理论计算值会略有差别。

作为电压缓冲级，用集成运算放大器设计的电压跟随器具有输入阻抗大、输出阻抗小等优点，理论上，电压跟随器可以将输入信号无衰减地传输给下一级功能电路。同时，为了保证接近于"0"的小信号可以被不失真地传输给下一级电路，电压跟随器应采用双电源供电方式工作。

2．电路测试

直流电压产生电路相对简单，需要测试的实验数据主要用来检验直流控制电压 V_{o1} 的输出范围是否满足设计要求，以及设计的输出电压范围与实测的输出电压范围是否一致。

4.4.2　极性变换电路

极性变换电路的作用是在反馈控制信号 V_{o6} 的作用下，将前级产生的直流控制电压信号 V_{o2} 转换成方波信号 V_{o3}，并输出给下一级电路。

1．电路设计

极性变换电路如图 4.3 所示，其基本电路是用集成运算放大器设计的算术运算电路。其中，三极管 VT_1 作为电子开关，由其基极的控制信号 V_{o6} 来控制极性变换电路输出电压信号的极性。在如图 4.3 所示的极性变换电路中，如果开关管 VT_1 选择得不合适，当极性控制信号 V_{o6} 为高电平时，开关管的饱和导通压降 V_t 较大（不近似等于零）。在低频情况下，饱和导通压降 V_t 会使极性变换电路输出的方波信号 V_{o3} 的正半周和负半周的时间明显不对称。

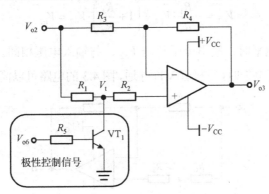

图 4.3　极性变换电路

图 4.4 所示为改进后的极性控制信号产生电路。通过选用导通阻抗更小的 MOS 型器件来改善控制信号的开关特性，从而扩大所产生信号的频率范围。

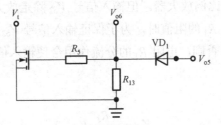

图 4.4　改进后的极性控制信号产生电路

当控制电压 V_{o6} 为低电平时，三极管 VT_1 截止，图 4.3 的电路可以简化为图 4.5 所示的电路。

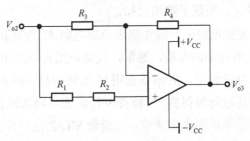

图 4.5　当控制电压信号 V_{o6} 为低电平时极性控制信号产生电路的简化电路

图 4.5 所示为用集成运算放大器设计的算术运算电路，由一个同相比例放大器和一个反相比例放大器组成。两个放大电路公用同一个输入信号 V_{o2}。

当只有反相放大器工作时，输出电压 V_{o3} 为

$$V_{o3} = -\frac{R_4}{R_3} \cdot V_{o2}$$

当只有同相放大器工作时，输出电压 V_{o3} 为

$$V_{o3} = \left(1 + \frac{R_4}{R_3}\right) \cdot V_{o2}$$

则总的输出电压 V_{o3} 为

$$V_{o3} = -\frac{R_4}{R_3} \cdot V_{o2} + \left(1 + \frac{R_4}{R_3}\right) \cdot V_{o2} = V_{o2}$$

即当控制电压 V_{o6} 为低电平时，输出电压 $V_{o3} = V_{o2}$，与输入电压相同。

当控制电压 V_{o6} 为高电平时，三极管 VT_1 导通，图 4.3 的电路可以简化为图 4.6 所示的电路。

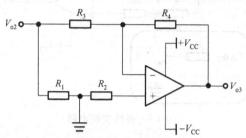

图 4.6　当控制电压信号 V_{o6} 为高电平时极性控制信号产生电路的简化电路

图 4.6 所示为一个反相比例放大器。但输入信号 V_{o2} 除走放大通路外，还通过电阻 R_1 连接到地。因此，在确定电阻 R_1 的阻值时，为了保证输入信号 V_{o2} 分流到地的信号极小，电阻 R_1 应选用较大阻值的电阻。否则，电阻 R_1 的分流作用会使输入信号 V_{o2} 变小，从而使输出信号 V_{o3} 的幅值也变小。

此时，输出电压 V_{o3} 为

$$V_{o3} = -\frac{R_4}{R_3} \cdot V_{o2}$$

由此式可知，当控制电压 V_{o6} 为高电平时，如果输入电阻 R_3 和反馈电阻 R_4 选用相同的电阻，即 $R_4 = R_3$，则 $V_{o3} = -V_{o2}$，实现了输出反相。

在图 4.3 所示的极性变换电路中，应先确定反馈电阻 R_4 的阻值。考虑阻抗匹配、相对误差等问题，R_4 不宜选择阻值过小的电阻，通常，反馈电阻可以选用几十千欧姆至几百千欧姆的电阻。根据前面的设计分析知道，R_3 应该选用与 R_4 阻值相等的电阻，即 $R_3 = R_4$。R_2 的电阻值可以根据静态平衡原则通过计算得到。三极管 VT_1 应选用超低饱和导通压降的快速开关管，否则将对系统输出信号的频率范围产生影响。三极管 VT_1 在这里作为开关管使用，电阻 R_5 可根据三极管 VT_1 的开关特性参数来选取。

由以上分析可知，当电阻 $R_4 = R_3$ 时，极性控制信号 V_{o6} 可以控制极性变换电路输出电压的极性，即：

当控制电压 V_{o6} 为低电平时，$V_{o3} = V_{o2}$；

当控制电压 V_{o6} 为高电平时，$V_{o3} = -V_{o2}$。

2. 电路测试

确定图 4.3 所示的极性变换电路中的各元器件参数，将已经确定好的元器件参数标注在电路原理图中。设计实验数据记录表格，测试极性控制信号 V_{o6} 在高、低两种不同状态下，极性变换电路的输出电压与输入电压的关系。测量并记录三极管 VT_1 在这两种状态下的管压降。由于极性控制信号 V_{o6} 是由后级电路产生的，因此在实验调试时，三极管 VT_1 的基极控制信号 V_{o6} 可以先用函数发生器产生的方波信号来代替。

4.4.3 三角波产生电路

常用的三角波产生电路是线性积分电路，如图 4.7 所示。

在积分电路的反相输入端加一个方波信号 V_{o3}。正半周时，方波信号 V_{o3} 的电势高于输出端 V_{o4}，电流经电阻 R_1 和电容 C_1 流向输出端 V_{o4}，即电流通过电阻 R_1 对积分电容 C_1 进行充电；负半周时，方波信号 V_{o3} 变为负向直流电压，其电势低于输出端 V_{o4}，存储在积分电容两端的电荷开始通过电阻 R_1 流向输入端 V_{o3}，即放电。

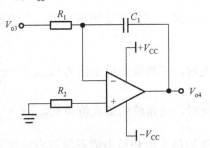

图 4.7 三角波产生电路

选择合适的充、放电器件，积分器可以将输入的方波信号 V_{o3} 转换成三角波信号 V_{o4}。方波输入信号 V_{o3} 每半个周期变化一次相位，因此，积分器的充、放电时间是由方波输入信号发生变化的时间长短决定的，即方波输入信号的半个周期时长决定的。

三角波输出信号 V_{o4} 的上升速率是由充、放电时间常数，即充、放电回路中电阻和电容的乘积决定的。当电阻和电容的乘积过小时，充、放电速率会过快，输出电压的变化速率也会过快，从而导致输出电压信号 V_{o4} 很快进入饱和失真状态。当电阻和电容的乘积过大时，充、放电速率会过慢，输出电压的变化速率也会过慢，在方波信号 V_{o3} 的半个周期时间内，输出电压信号 V_{o4} 的幅值积分达不到设计要求的电压值，从而导致后级电路无法正常工作。

1. 电路设计

在图 4.7 所示的三角波产生电路中，当方波信号 V_{o3} 为正向电压信号时，输入电流经电阻 R_1 对电容 C_1 进行充电；当方波信号 V_{o3} 变为负向电压信号时，存储在电容 C_1 两端的电荷通过电阻 R_1 进行放电。输出电压 V_{o4} 和输入电压 V_{o3} 之间应满足

$$V_{o4} = -\frac{1}{R_1 C_1} \int V_{o3} \mathrm{d}t$$

输入信号 V_{o3} 在正半周期内为直流信号，即 V_{o3} 为定值，则

$$V_{o4} = -\frac{V_{o3}}{R_1 C_1} \cdot t$$

由此式可知，三角波与方波的相位相反。其输入、输出波形如图 4.8 所示。

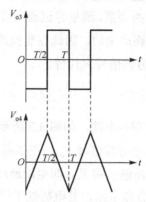

图 4.8　三角波产生电路的输入、输出波形

当方波信号的正半周期结束时，三角波达到最小值；当方波信号的负半周期结束时，三角波达到最大值，即：

当方波由正值向负值跳变时，三角波的最小值为 $V_{o4min} = -\dfrac{V_{o3}}{R_1 C_1} \cdot \dfrac{T}{2} \cdot \dfrac{1}{2} = -\dfrac{V_{o3}}{R_1 C_1} \cdot \dfrac{T}{4} < 0$；

当方波由负值向正值跳变时，三角波的最大值为 $V_{o4max} = -\dfrac{V_{o3}}{R_1 C_1} \cdot \dfrac{T}{4} > 0$。

由以上计算可知，三角波的最大值和最小值不仅与方波信号的峰值电压和周期有关，还与积分电阻值和积分电容值的乘积，即时间常数 τ 有关。时间常数 τ 越小，输出电压 V_{o4} 的上升和下降速率越大。

在图 4.7 中，R_2 是平衡电阻，其电阻值可以根据静态平衡原则计算得到。

根据设计指标要求，系统输出最高频率应为 10kHz，对应方波信号的周期为 0.1ms。如果直流控制电压信号（V_{o2}）V_{o1} 的最大值为 2V，为保证输出信号的线性度，当直流供电电压为 ±12V 时，工程设计要求积分电路输出电压的动态范围应在 ±6V 之间，即积分器输出电压 V_{o4} 应满足

$$V_{o4max} - V_{o4min} = \frac{V_{o3max}}{R_1 C_1} \times \frac{T}{2} = \frac{2}{R_1 C_1} \times \frac{0.1 \times 10^{-3}}{2} \leqslant 12V$$

即 $R_1 C_1 \geqslant \dfrac{1}{12} \times 10^{-4} \approx 8.3 \times 10^{-6}$。

由前面的设计分析可知，为保证积分电路输出信号的线性度，积分电阻 R_1 和积分电容 C_1 的乘积不可以过小，即时间常数 τ 不能过小，否则积分速度过快，积分器的输出电压 V_{o4} 容易产生非线性失真。同时，为保证在规定时间内积分器的输出电压 V_{o4} 能够达到后级迟滞比较器门限电压的要求，满足翻转条件，积分电阻 R_1 和积分电容 C_1 的乘积不可以设置得过大，即积分时间常数 τ 也不能过大。

在本设计中，因系统信号的频率一致，迟滞比较器的门限电压等于积分器输出电压的最大值。如果设定迟滞比较器的门限电压为 ±6V，积分电容选用 0.01μF 的聚丙烯（CBB）电容，系统信号的最高频率为 10kHz，则

$$V_{o4max} - V_{o4min} = \frac{V_{o3}}{R_1 C_1} \times \frac{0.1 \times 10^{-3}}{2} = 12V$$

将极性变换电路产生的方波信号 V_{o3} 的峰值电压代入公式，则

$$R_1 = \frac{V_{o3}}{12C_1} \times \frac{0.1 \times 10^{-3}}{2} = \frac{6}{12 \times 0.01 \times 10^{-6}} \times \frac{0.1 \times 10^{-3}}{2} = 2.5k\Omega$$

因此，积分电阻可以选用标称值为 2.5kΩ 的电阻。2.5kΩ 不是常用的标称值电阻，在实验中，可以选用比 2.5kΩ 略大一些的常用标称值电阻代替，如 2.7kΩ。

2．电路测试

检测积分电路时，应先用函数发生器的输出信号模拟方波信号 V_{o3}。

将函数发生器设定成需要的方波信号，测试积分电路的输入、输出信号的周期、频率、峰值电压和峰峰值电压，比较计算值和测试值，检验积分电路是否满足设计要求。

如果积分电路符合设计要求，将积分器与其前级极性变换电路级联，用函数发生器的输出信号模拟反馈控制信号 V_{o6}，测试并检验级联后的电路是否满足设计要求。

4.4.4　反馈控制信号产生电路和方波产生电路

用集成运放设计的迟滞比较器只有两种输出状态：正向饱和、负向饱和。在迟滞比较器的输入端引入一个周期变化的信号，如果设计的门限电压能够满足迟滞比较器的翻转条件，则在迟滞比较器的输出端就可以得到一个方波信号。

1．电路设计

图 4.9 所示为用反相输入迟滞比较器设计的反馈控制信号产生电路和方波产生电路。

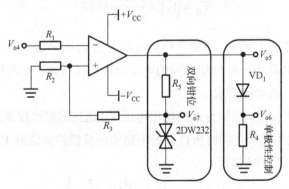

图 4.9　反馈控制信号产生电路和方波产生电路

在图 4.9 所示的电路中，输入信号 V_{o4} 是积分器输出的三角波信号，输出信号有三个：V_{o5}、V_{o6} 和 V_{o7}。其中，V_{o5} 是迟滞比较器输出的电压信号。

因多数集成运算放大器输出电压的正向饱和电压值与负向饱和电压值的绝对值并不相等，因此，多数情况下，在迟滞比较器输出端检测到的是一个正、负电压绝对值不相等的方波信号。

V_{o6} 是迟滞比较器的输出电压 V_{o5} 经二极管 VD$_1$ 单向处理后的反馈控制信号。二极管的单向导电性使反馈控制信号 V_{o6} 是一个没有负向电压的方波信号。电阻 R_4 既是二极管 VD$_1$ 的限流保护电阻，又是反馈控制信号 V_{o6} 的负载电阻，其电阻值应根据迟滞比较器的输出电压 V_{o5} 和二极管 VD$_1$ 的工作电流来选取。二极管 VD$_1$ 应选用高速二极管，如 1N4148、1N5819 等。如果二极管 VD$_1$ 选用不当，比如选用了整流二极管 1N4001 等，则在输出波形 V_{o5} 上可以检测到明显的反向恢复脉冲。

V_{o7} 是方波输出信号，如图 4.9 中的双向钳位电路。该信号是在双向稳压管 2DW232 上获得的，因此具有良好的对称性。如果系统输出的方波信号在极性变换电路的输出端获得，那么产生 V_{o7} 的支路也可以省略。电阻 R_5 是双向稳压管 2DW232 的限流保护电阻，其电阻值应根据迟滞比较器的输出电压 V_{o5} 和双向稳压管 2DW232 的工作电流来选取。

在图 4.9 中，反相输入迟滞比较器的上门限电压 V_H 和下门限电压 V_L 分别为

$$V_H = \frac{V_{OH}}{R_2 + R_3} R_2 = \frac{R_2}{R_2 + R_3} V_{OH}$$

$$V_L = \frac{V_{OL}}{R_2 + R_3} R_2 = \frac{R_2}{R_2 + R_3} V_{OL}$$

在以上两式中，V_{OH} 是迟滞比较器可以输出的正向饱和电压值，V_{OL} 是迟滞比较器可以输出的负向饱和电压值。

由前面的设计分析知道，为保证积分器的输出信号能够达到迟滞比较器的门限电压值且满足翻转条件，设置的门限电压应等于积分器能够积分达到的最大电压值。根据前面的设计分析，假定迟滞比较器的门限电压值为±6V。理想情况下，迟滞比较器的正向饱和输出电压与负向饱和输出电压都等于电源电压，即 $V_{OH}=-V_{OL}=V_{CC}=12V$，则

$$V_H = |V_L| = \frac{R_2}{R_2 + R_3} \times 12$$

在选取图 4.9 中的电阻值时，通常先确定反馈电阻 R_3 的阻值。如果选取 $R_3=10\text{k}\Omega$，经计算得 $R_2=10\text{k}\Omega$，即在电阻 R_2、R_3 选用相同的电阻值时，可以满足前面设计分析假定的迟滞比较器门限电压等于±6V 的设计要求。

由前面的设计分析知道，当积分器的输出电压 V_{o4} 达到迟滞比较器的门限电压时，迟滞比较器的输出电压 V_{o5} 发生翻转；同时极性变换电路中的反馈控制信号 V_{o6} 也发生跳变，因此，系统信号的频率 f 和周期 T 应满足

$$V_{o4} = V_H = |V_L| = \frac{|V_{o3}|}{R_1 C_1} \times \frac{T}{2} \times \frac{1}{2}$$

则 $f = \frac{1}{4} \times \frac{|V_{o3}|}{R_1 C_1 V_H}$。

其中，V_{o3} 是极性变换电路输出的峰值电压，V_{o4} 是积分器输出的峰值电压，R_1 是积分电路中的积分电阻，C_1 是积分电路中的积分电容，T 和 f 分别是系统信号的周期和频率。极性

变化电路的输出电压 V_{o3} 的绝对值是由直流电压产生电路的输出电压 V_{o1} 的大小决定的,因此,整个系统输出信号的频率也是由直流输出电压 V_{o1} 来控制的。

2. 电路测试

反馈控制信号产生电路和方波产生电路相对复杂,有三路输出信号,需要测试的项目比较多。用选定的元器件标称值计算迟滞比较器的门限电压,测试迟滞比较器的输出电压 V_{o5}、反馈控制信号 V_{o6} 和方波输出信号 V_{o7}。

将前面已经设计、调试好的单元电路级联,调节直流电压产生电路中的电位器 R_{w1} 可调端的位置,改变直流输出电压 V_{o1},用示波器观察各级电路的输入、输出波形的变化,测出系统电路可以产生的最低频率信号、最高频率信号和 1kHz 频率信号,并记录下来。

4.4.5　正弦波产生电路

产生正弦波的方法有多种:RC 振荡、LC 振荡、对方波或三角波进行基频滤波、用折线逼近法对三角波进行分段放大逼近、用差分放大电路对三角波进行非线性放大等。

1. 用差分放大电路产生正弦波信号

在没有公共发射极电阻的差分放大电路中,电压传输特性曲线的线性区很窄,如图 4.10 所示,只在 ±V_T 范围内是线性区,其中 V_T=26mV,是温度电压当量。

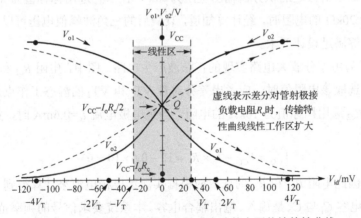

图 4.10　无发射极电阻的差分放大电路的电压传输特性曲线

在图 4.10 所示的电压传输特性曲线中,差模输入信号和工作区的对应关系是:

当 $|V_{id}| < V_T$ 时,系统工作在线性放大区;

当 $V_T < |V_{id}| < 4V_T$ 时,系统工作在非线性放大区;

当 $|V_{id}| > 4V_T$ 时,系统工作在饱和区。

利用差分放大电路的电压传输特性的非线性特性,可以将三角波进行非线性放大并转换成正弦波。由图 4.10 可知,当差模输入信号三角波的峰值电压达到 ±$4V_T$ 时,差分放大电路的输出波形的电压达到峰值。因此,要想得到失真系数相对较小的正弦波,输入三角波必须满足差分放大电路的电压传输特性曲线的幅度限制要求——保证输入三角波的峰值电压等于

$4V_\text{T}$，即峰峰值电压应等于208mV。

差分放大电路的对称性会影响电压传输特性曲线的对称性，因此，在设计差分放大电路时，所选用的器件必须满足差分放大电路的对称性设计要求。

在图4.11所示的电路中，在确定电阻R_1和电位器R_w1的阻值时，应保证输入三角波信号V_o4的峰值电压可以调到前面设计分析要求的$4V_\text{T}$附近，即峰峰值电压应等于208mV。

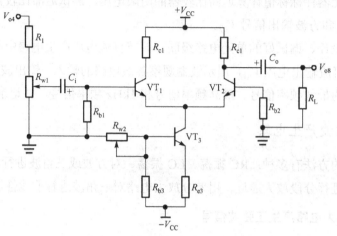

图4.11 用差分放大电路实现的正弦波产生电路

如果按照前面分析假定的积分器输出电压为±6V，在R_w1选用标称值为1kΩ的电位器、R_1选用标称值为20kΩ的电阻时，经计算知道，衰减后的三角波峰值电压可以在±286mV范围内连续可调，能够满足设计要求。

图4.11所示为用差分放大电路实现的正弦波产生电路。图中，电阻R_c1和R_c2是差分对管的集电极电阻，选取该电阻值时，应考虑差分对管VT_1和VT_2的静态工作点是否满足设计要求。如果R_c1和R_c2选用标称值为10kΩ的电阻，当集电极电流$I_\text{c}=0.6$mA时，集电极的静态工作电压为

$$V_\text{CQ} = V_\text{CC} - I_\text{c} \times R_\text{c} = 12 - 0.6 \times 10 = 6\text{V}$$

满足设计要求，因此电阻R_c1和R_c2的选取应根据实测集电极电流来计算得到。

图4.11中，电容C_i与C_o是输入、输出耦合电容。本系统要求信号的频率范围应为50Hz～10kHz，属于低频信号。根据系统信号的频率范围和差分放大电路的输入阻抗，可以计算出电容C_i和C_o的选取范围。

电阻R_b1与R_b2是差分对管VT_1、VT_2的基极偏置电阻，用来给差分对管VT_1、VT_2提供静态偏置电流，设计要求电阻R_b1与R_b2的阻值必须相等。电位器R_w2和电阻R_b3主要用来给三极管VT_3提供静态偏置电流。电阻R_e3和集电极电阻一起用来调整差分对管VT_1、VT_2的静态工作电压。R_L是负载电阻，可以在负载电阻R_L上测到电路输出的正弦波。

2. 电路测试

在调试差分放大电路时，应特别注意静态工作点的设置。如果静态工作点设置不合理，

那么在差分放大电路的输出端很难得到满足设计要求的正弦波输出信号。

实验过程应根据实测数据逐步调整电子元器件的参数值，从而改变差分对管的静态工作电压，直至满足设计要求为止，记录满足设计要求的三个三极管的静态工作电压。

用函数发生器的输出信号模拟差分放大电路需要的三角波输入信号，改变图 4.11 中的电位器 R_{w1} 可调端的位置，用示波器观察输入、输出波形的变化，直至输出正弦波信号满足设计要求，测试并记录实验数据和波形。

级联各单元电路，用示波器观察输入、输出波形的变化，测试并记录级联电路输入、输出信号的测试数据和波形，分析差分放大电路是否满足设计要求。

4.4.6　增益连续可调电压放大电路

按照系统设计要求，如果想得到峰值电压在 50mV～10V 范围内的连续可调的输出信号，在系统电路中，还必须增加一级增益连续可调电压放大电路。

虽然电压放大电路是模拟电路学习过程中基本的电路单元，但是，如果想设计实现一种高精度数控宽带直流放大电路并不简单，需要用到数字逻辑电路和微处理器等相关知识。本节可作为扩展设计内容让学生自行设计。

4.4.7　压控函数发生器电路原理图

图 4.12 所示为压控函数发生器电路原理图。在系统电路设计过程中，应特别注意元器件参数选择、级间匹配、信号动态范围等工程实际问题。

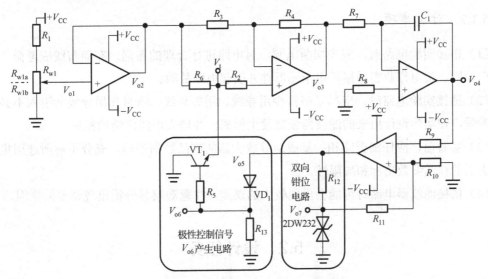

图 4.12　压控函数发生器电路原理图

第 5 章　模拟滤波器设计

滤波器是一种能使有用频率信号顺利通过，对无用频率信号进行抑制或衰减的电路单元。工程上常被用来进行信号处理、数据传输和抑制干扰等。

5.1　设计要求及注意事项

5.1.1　设计要求

（1）设计一个有源模拟滤波器，画出电路原理图，计算元器件参数值。

（2）设计各滤波器的电路实现、调试、测试方案，用示波器的两个通道观察滤波器的输入、输出波形，设计实验数据记录表格，测试并记录滤波器电路频率响应特性数据，观察和分析截止频率 F_0 是否满足设计要求，画出滤波器的幅频特性曲线。

（3）用计算机电路仿真设计软件（如 Multisim、Proteus 等）仿真滤波器电路，将仿真结果与实验结果进行对比分析，指出实验电路存在哪些不足，说明需要怎样改进。

（4）详细分析在滤波器电路设计过程中遇到的问题，总结并分享电路设计经验。

5.1.2　注意事项

（1）搭接实验电路前，应先切断电源，对电路进行合理的布局。布局布线应遵循"走线最短"原则。带电作业容易损坏电子元器件并引起电路故障。

（2）搭接实验电路时，应尽量坚持少用导线、用短导线，盲目使用导线会引入不必要的寄生参量，使实际设计出来的滤波器参数发生偏离，并增大电路出错的概率。

（3）实验前，应仔细查阅相关集成运算放大器的产品数据手册，充分了解所选用集成运算放大器的技术参数指标和局限性。

（4）搭接滤波器电路时可能会出现较大的误差，注意观察并分析出现误差的原因。

5.2　设计任务

（1）设计一种截止频率 $F_0=1\text{kHz}$ 的巴特沃斯型萨伦·基二阶低通滤波器。

（2）设计一种截止频率 $F_0=1\text{kHz}$ 的 0.5dB 切比雪夫型萨伦·基二阶低通滤波器。注意观测通带纹波，测量并记录峰值频率。

（3）设计一种截止频率 $F_0 = 1\text{kHz}$ 的 0.5dB 切比雪夫型萨伦·基五阶低通滤波器。搭接五阶滤波器时可能会出现较大的误差，重点分析产生误差的原因。

（4）设计一种中心频率为 50Hz 的陷波器。

（5）参照通用有源滤波器件 UAF42 的产品数据手册，设计一种截止角频率 $\omega_0 = 1\text{krad/s}$ 的低通滤波器、高通滤波器；设计一种可以自己设定带宽的带通滤波器。

5.3 模拟滤波器的基本概念

在使用集成运算放大器设计有源滤波器之前，主要采用无源器件设计模拟滤波器。随着电子元器件制造工艺的不断提高，以及集成运算放大器的广泛应用，用集成运算放大器和 RC 器件设计有源滤波器的方法逐渐普及。有源滤波器具有体积小、质量小等优点，并且用集成运算放大器设计的有源滤波器还具有一定的电压放大作用和缓冲作用。

随着微电子科学与技术的快速进步及电子制造工艺的不断提高，已经可以把一些电阻、电容、运算放大器集成在同一个芯片中，设计成通用有源滤波器（UAF，Universal Active Filter）。这种集成芯片片内集成了设计滤波器所需的电阻、电容和运算放大器，集成度高，使用方便，只需极少的外部器件就可以设计出多种有源滤波器。

5.3.1 滤波器的常用定义

滤波器的常用定义如图 5.1 所示。

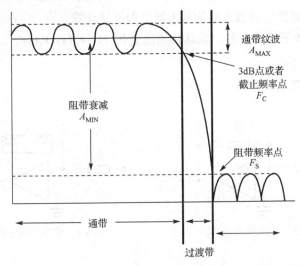

图 5.1 滤波器的常用定义

通带（PB，Pass Band）：滤波器对通带内的频率信号成分具有单位增益或固定增益。

阻带（SB，Stop Band）：滤波器对阻带内的频率信号成分具有衰减抑制作用。

过渡带（TB，Transition Band）：滤波器从通带向阻带过渡的频率范围被称为过渡带。

截止频率点（Fc，Cut Off Frequency）：在巴特沃斯滤波器中，该点定义为响应曲线在通带下降 3dB 时所对应的频率点；在有纹波的滤波器中，该点定义为从通带向阻带变化的频率点。

5.3.2　滤波器的分类

按通频带分，滤波器可分为：低通滤波器（LPF）、高通滤波器（HPF）、带通滤波器（BPF）和带阻滤波器（BEF），理想滤波器的幅频响应如图 5.2 所示。

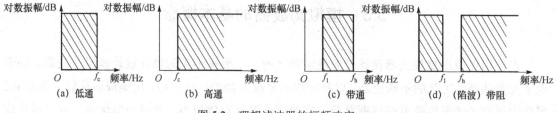

图 5.2　理想滤波器的幅频响应

5.3.3　传递函数

传递函数（Transfer Function）：零初始条件下线性系统响应（输出）量的拉普拉斯变换与激励（输入）量的拉普拉斯变换之比，记作

$$W(s) = V_\text{o}(s)/V_\text{i}(s)$$

式中，$V_\text{o}(s)$、$V_\text{i}(s)$ 分别为系统响应（输出）量和激励（输入）量的拉普拉斯变换。

传递函数的概念在有源滤波器设计应用中非常重要，其反映了有源滤波器的信号传输特性。用理想运算放大器构成有源滤波器的传递函数相对容易计算，对于没有学习过积分变换的读者，也可以运用理想运算放大器的基本概念做推导计算。

图 5.3 所示为一阶低通滤波器，求其传递函数 $W(s) = V_\text{o}(s)/V_\text{i}(s)$。

第一步：做等效变换。

等效变换电路如图 5.4 所示。

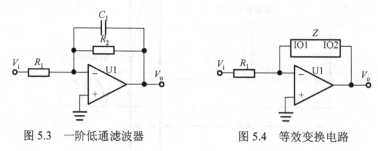

图 5.3　一阶低通滤波器　　　　　图 5.4　等效变换电路

$$Z = R_2 /\!/ Z_{C1} = \cfrac{R_2 \times \cfrac{1}{\text{j}\omega C_1}}{R_2 + \cfrac{1}{\text{j}\omega C_1}} ，\text{可令 } s = \text{j}\omega \text{（奈培频率），则 } Z \text{ 可以化简为 } Z = \cfrac{R_2}{C_1 R_2 s + 1} 。$$

第二步：代入公式计算。

图 5.4 所示为一个反相比例放大器，故可以代入公式 $V_o/V_i = -Z/R_1$，得

$$W(s) = -\frac{V_o(s)}{V_i(s)} = -\frac{Z}{R_1} = -\frac{R_2}{C_1 R_1 R_2 s + R_1}$$

此式为图 5.3 所示的一阶低通滤波器的传递函数。

对于典型拓扑结构的模拟滤波器，可以代入公式计算其传递函数；对于任意拓扑结构的有源滤波器，可以运用理想运算放大器的基本概念来推导和计算其传递函数。

5.3.4　传递函数（零极点）反映滤波器本质

表 5.1 列举了标准二阶滤波器的类型、幅频特性、传递函数和零、极点位置。从表 5.1 可以看出，滤波器的类型与其传递函数的零、极点位置存在一定的对应关系。尽管这种对应关系已经很明晰，但据此来设计滤波器，不论是在计算上还是在器件选择上，都存在很多不便。

表 5.1　标准二阶滤波器

类　型	幅 频 特 性	传 递 函 数	零、极点位置
低通	对数振幅/dB　频率/Hz	$\dfrac{\omega_0^2}{s^2 + \dfrac{\omega_0}{Q} s + \omega_0^2}$	
带通	对数振幅/dB　频率/Hz	$\dfrac{\dfrac{\omega_0}{Q} s}{s^2 + \dfrac{\omega_0}{Q} s + \omega_0^2}$	
带阻	对数振幅/dB　频率/Hz	$\dfrac{s^2 + \omega_Z^2}{s^2 + \dfrac{\omega_0}{Q} s + \omega_0^2}$	
高通	对数振幅/dB　频率/Hz	$\dfrac{s^2}{s^2 + \dfrac{\omega_0}{Q} s + \omega_0^2}$	
全通	对数振幅/dB　频率/Hz	$\dfrac{\omega_0^2 - \dfrac{\omega_0}{Q} s + \omega_0^2}{s^2 + \dfrac{\omega_0}{Q} s + \omega_0^2}$	

从滤波器设计难度和滤波器性能等多方面因素考虑，滤波器方面的专家们已经设计出多种拓扑结构的标准滤波器，我们只需按照给出的典型滤波器设计表格和设计要求来配置元器件参数，就可以快速完成相应滤波器的设计。

5.4　滤波器的设计方法

滤波器的设计分为两个阶段：第一阶段需要确定滤波器的类型，即传递函数类型；第二阶段需要确定滤波器的电路拓扑结构。

通常，一阶滤波器用单极点电路来实现，对应传递函数中的实极点。二阶滤波器用双极点电路来实现，对应传递函数中的极点对。高阶滤波器可以用三个及以上极点的高阶电路来实现。但需要注意的是，随着电路阶数的增加，电路之间的相互影响将增大，电路元件的敏感性也随之上升。

在实际的高阶滤波器设计中，多数情况下，会采用多个一阶滤波器和二阶滤波器级联获得。无论是哪种滤波器，在前后两级的级联过程中，务必注意电路的阻抗匹配等电路设计问题，以确保前后级之间不产生有害的相互影响。

下面主要介绍单极点滤波器的设计和萨伦·基滤波器的设计，对其他类型滤波器感兴趣的读者，可以查阅相关设计参考资料。

在后面介绍的设计方程中，为描述方便，约定下列符号的含义。

H：通带增益或谐振点增益。

F_0：截止频率或谐振频率，单位为 Hz。

ω_0：截止角频率或谐振角频率，$\omega_0 = 2\pi F_0$，单位为 rad/s。

Q：品质因数，是评价滤波器频率选择特性的一个重要指标。

α：阻尼系数，与品质因数互为倒数，即 $\alpha = 1/Q$。

以上概念将在后续的信号与系统、自动控制原理等专业课程中学习。

5.4.1　单极点 RC 滤波器

最简单的单极点滤波器是无源 RC 电路。但考虑阻抗匹配，通常情况下，单极点滤波器都设计成有源的。奇数阶滤波器一般包含一级单极点滤波器。无源单极点滤波器如表 5.2 所示，有源单极点滤波器如表 5.3 所示。

表 5.2　无源单极点滤波器

滤波器类型	电路拓扑结构	传递函数 V_o/V_i	截止频率 F_0
低通		$\dfrac{V_o(s)}{V_i(s)} = \dfrac{1}{RCs+1}$	$\dfrac{1}{2\pi RC}$
高通		$\dfrac{V_o(s)}{V_i(s)} = \dfrac{RCs}{RCs+1}$	$\dfrac{1}{2\pi RC}$

表 5.3　有源单极点滤波器

滤波器类型	电路拓扑结构	传递函数 V_o/V_i	通带增益 H	截止频率 F_0
低通		$-\dfrac{R_f}{R_i} \cdot \dfrac{1}{R_f Cs + 1}$	$-\dfrac{R_f}{R_i}$	$\dfrac{1}{2\pi R_f C}$
高通		$-\dfrac{R_f}{R_i} \cdot \dfrac{R_i Cs}{R_i Cs + 1}$	$-\dfrac{R_f}{R_i}$	$\dfrac{1}{2\pi R_i C}$

5.4.2　萨伦·基滤波电路

萨伦·基滤波电路是应用较广泛的滤波电路，其能够流行的主要原因是其电路性能对运算放大器自身性能的依赖度较低。萨伦·基滤波器还有一个优点，是最大电阻和最小电阻的比值及最大电容和最小电容的比值都比较小，便于设计实现。萨伦·基低通滤波器设计方程如表 5.4 所示。

表 5.4　萨伦·基低通滤波器设计方程

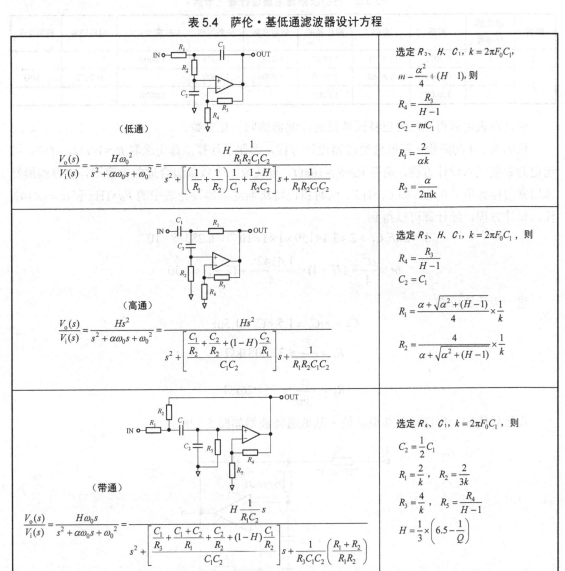

（低通）$$\frac{V_o(s)}{V_i(s)} = \frac{H\omega_0^2}{s^2 + \alpha\omega_0 s + \omega_0^2} = \frac{H\frac{1}{R_1 R_2 C_1 C_2}}{s^2 + \left[\left(\frac{1}{R_1} + \frac{1}{R_2}\right)\frac{1}{C_1} + \frac{1-H}{R_2 C_2}\right]s + \frac{1}{R_1 R_2 C_1 C_2}}$$	选定 R_3、H、C_1，$k = 2\pi F_0 C_1$，$m = \frac{\alpha^2}{4} + (H-1)$，则 $R_4 = \frac{R_3}{H-1}$ $C_2 = mC_1$ $R_1 = \frac{2}{\alpha k}$ $R_2 = \frac{\alpha}{2mk}$
（高通）$$\frac{V_o(s)}{V_i(s)} = \frac{Hs^2}{s^2 + \alpha\omega_0 s + \omega_0^2} = \frac{Hs^2}{s^2 + \left[\frac{\frac{C_1}{R_2} + \frac{C_2}{R_2} + (1-H)\frac{C_2}{R_1}}{C_1 C_2}\right]s + \frac{1}{R_1 R_2 C_1 C_2}}$$	选定 R_3、H、C_1，$k = 2\pi F_0 C_1$，则 $R_4 = \frac{R_3}{H-1}$ $C_2 = C_1$ $R_1 = \frac{\alpha + \sqrt{\alpha^2 + (H-1)}}{4} \times \frac{1}{k}$ $R_2 = \frac{4}{\alpha + \sqrt{\alpha^2 + (H-1)}} \times \frac{1}{k}$
（带通）$$\frac{V_o(s)}{V_i(s)} = \frac{H\omega_0 s}{s^2 + \alpha\omega_0 s + \omega_0^2} = \frac{H\frac{1}{R_1 C_2}s}{s^2 + \left[\frac{\frac{C_1}{R_3} + \frac{C_1 + C_2}{R_1} + \frac{C_2}{R_2} + (1-H)\frac{C_1}{R_2}}{C_1 C_2}\right]s + \frac{1}{R_3 C_1 C_2}\left(\frac{R_1 + R_2}{R_1 R_2}\right)}$$	选定 R_4、C_1，$k = 2\pi F_0 C_1$，则 $C_2 = \frac{1}{2}C_1$ $R_1 = \frac{2}{k}$，$R_2 = \frac{2}{3k}$ $R_3 = \frac{4}{k}$，$R_5 = \frac{R_4}{H-1}$ $H = \frac{1}{3} \times \left(6.5 - \frac{1}{Q}\right)$

萨伦·基滤波电路的频率特性与品质因数 Q 不相关，但对增益参数非常敏感。尽管萨伦·基滤波电路应用十分广泛，但它有一个比较严重的缺点较难克服，即元器件取值的改变同时影响 F_0 和 Q 值，滤波器调节相对困难。

5.5　设计举例（以二阶萨伦·基低通滤波器为例）

5.5.1　最大平坦型（巴特沃斯型）滤波器设计

步骤 1：查阅巴特沃斯滤波器设计表，如表 5.4 所示。

表 5.5　巴特沃斯滤波器设计表（节选）

阶数	组成部分序号	实部	虚部	截止频率	阻尼系数	品质因数	3dB 截止频率	峰值频率	峰值电压
2	1	0.7071	0.7071	1.0000	1.4142	0.7071	1.0000		
3	1	0.5000	0.8660	1.0000	1.0000	1.0000		0.7071	1.2493
	2	1.0000		1.0000			1.0000		

通过查表可以得到二阶巴特沃斯低通滤波器的归一化参数。

依照表 5.4 的萨伦·基低通滤波器设计方程，为便于计算，首先选取 $R_3=10\text{k}\Omega$，$H=2$。将选定的数据代入设计方程，则有 $R_4=R_3=10\text{k}\Omega$，再选取一个数量级合适的电容器，电容器最好选用常用标称值的电容，如 $C_1=1\mu\text{F}$，同时将巴特沃斯滤波器设计表中的 $F_0=1\text{Hz}$ 和 $\alpha=1.4142$ 代入设计方程，经计算可以得到

$$k = 2\pi F_0 C_1 = 2\times3.14159\times1\times1\times10^{-6} = 6.28318\times10^{-6}$$

$$m = \frac{\alpha^2}{4} + (H-1) = \frac{1.4142^2}{4} + (2-1) \approx 1.50$$

进一步计算可得

$$C_2 = mC_1 \approx 1.5\times C_1 = 1.5\mu\text{F}$$

$$R_1 = \frac{2}{\alpha k} \approx 225.081\text{k}\Omega$$

$$R_2 = \frac{\alpha}{2mk} \approx 75.026\text{k}\Omega$$

设计好的归一化巴特沃斯型萨伦·基低通滤波器如图 5.5 所示。

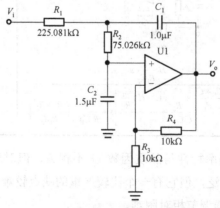

图 5.5　归一化巴特沃斯型萨伦·基低通滤波器

利用 Multisim 仿真上面的电路图，得到以下结果，如图 5.6 所示。

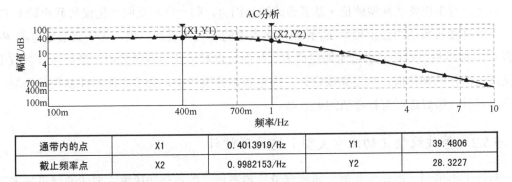

通带内的点	X1	0.4013919/Hz	Y1	39.4806
截止频率点	X2	0.9982153/Hz	Y2	28.3227

图 5.6 归一化巴特沃斯型萨伦·基低通滤波器仿真电路的幅频特性曲线

由图 5.6 可知，设计参数基本符合预期的设计指标要求。

步骤 2：反归一化参数计算。

例如，要求设计截止频率 $F_0=1\text{kHz}$ 的巴特沃斯型萨伦·基低通滤波器。

通过观察设计方程发现，$\alpha=1.4142$ 不变，只有截止频率 F_0 发生了改变，因此，只需要将电容值除以 1000 就可以满足设计要求。设计好的截止频率为 1kHz 的巴特沃斯型萨伦·基低通滤波器如图 5.7 所示。

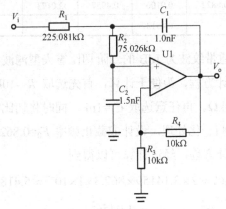

图 5.7 反归一化（$F_0=1\text{kHz}$）巴特沃斯型萨伦·基低通滤波器

利用 Multisim 仿真上面的电路图，得到以下结果，如图 5.8 所示。

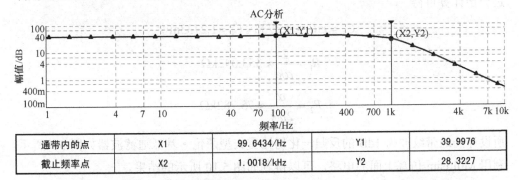

通带内的点	X1	99.6434/Hz	Y1	39.9976
截止频率点	X2	1.0018/kHz	Y2	28.3227

图 5.8 反归一化巴特沃斯型萨伦·基低通滤波器仿真电路的幅频特性曲线

由图 5.8 可知，反归一化的电路设计参数基本符合预期的设计指标要求。

总之，对于巴特沃斯型萨伦·基低通滤波器而言，归一化和反归一化仅与截止频率 F_0 有关，可以直接将预期的截止频率 F_0 和归一化表中的 α 代入设计方程，先任意给定电阻 R_3 和电容 C_1，然后按照设计要求给定增益值 H，从而可以算出其他各参数值，最后对各参数值取最接近元器件的标称值，从而完成设计。因电容标称值较少，为了方便器件参数的选取，在选定电容时，最好选用有标称值的电容器。

5.5.2　等波纹型（切比雪夫型）滤波器设计

与最大平坦型（巴特沃斯型）滤波器设计相类似，先找到切比雪夫型滤波器设计表。下面以通带纹波为 1dB 的切比雪夫型滤波器设计表（表 5.6）为例，介绍切比雪夫型萨伦·基低通滤波器的设计方法。

表 5.6　通带纹波为 1dB 的切比雪夫型滤波器设计表（节选）

阶数	组成部分序号	实部	虚部	截止频率	阻尼系数	品质因数	3dB 截止频率	峰值频率	峰值电压
2	1	0.4508	0.7351	0.8623	1.0456	0.9564		0.5806	0.9995
3	1	0.2257	0.8822	0.9106	0.4957	2.0173		0.8528	6.3708
	2	0.4513		0.4513			0.4513		

通过查表 5.6 可以得到通带纹波为 1dB 的二阶切比雪夫型滤波器的归一化参数。依照表 5.4 中的萨伦·基低通滤波器设计方程，为便于计算，首先选取 $R_3=10\text{k}\Omega$，$H=2$。将选定的数据代入设计方程，则有 $R_4=R_3=10\text{k}\Omega$。再任意选取 $C_1=1\text{nF}$，同时将切比雪夫型滤波器设计表中的截止频率 $F_0=0.8623\text{Hz}$ 进行反归一化处理，设计成截止频率 $F_0=0.8623\text{kHz}$ 的滤波器，$\alpha=1.0456$ 不变，将选定的数据代入设计方程，经过计算可以得到

$$k = 2\pi F_0 C_1 = 2\times3.14159\times862.3\times1\times10^{-9} \approx 5.4180\times10^{-6}$$

$$m = \frac{\alpha^2}{4} + (H-1) = \frac{1.0456^2}{4} + (2-1) \approx 1.2733$$

进一步计算可得

$$C_2 = mC_1 \approx 1.2733\times C_1 = 1.2733\text{nF}$$

$$R_1 = \frac{2}{\alpha k} \approx 353.042\text{k}\Omega$$

$$R_2 = \frac{\alpha}{2mk} \approx 75.782\text{k}\Omega$$

所设计的通带纹波为 1dB 的反归一化切比雪夫型萨伦·基低通滤波器如图 5.9 所示。利用 Multisim 仿真上面的电路，可以得到如图 5.10 所示的结果。

在图 5.10 中，X1 坐标值为峰值频率，近似等于归一化表中峰值频率的 1000 倍，由图 5.10 可知，反归一化的电路设计参数基本符合预期的设计指标要求。

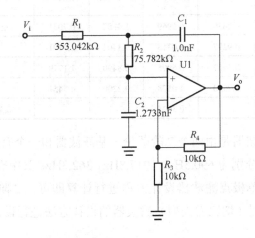

图 5.9　通带纹波为 1dB 的反归一化切比雪夫型萨伦·基低通滤波器

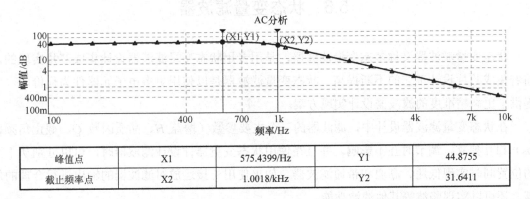

| 峰值点 | X1 | 575.4399/Hz | Y1 | 44.8755 |
| 截止频率点 | X2 | 1.0018/kHz | Y2 | 31.6411 |

图 5.10　反归一化切比雪夫型萨伦·基低通滤波器仿真电路幅频特性曲线

5.5.3　高阶滤波器设计

高阶滤波器可由多个一阶滤波器和二阶滤波器级联得到。在传统滤波器设计表中，同样可以查找到高阶滤波器归一化参数。如要求设计截止频率 F_0=1kHz、通带纹波为 0.5dB 的五阶切比雪夫型滤波器，应首先找到通带纹波为 0.5dB 的切比雪夫型滤波器设计表，如表 5.7 所示，然后在设计表中找到五阶滤波器的归一化设计参数。

表 5.7　通带纹波为 0.5dB 的切比雪夫型滤波器设计表（节选）

阶数	组成部分序号	实部	虚部	截止频率	阻尼系数	品质因数	3dB 截止频率	峰值频率	峰值电压
2	1	0.5129	0.7225	1.2314	1.1577	0.8638		0.7072	0.5002
3	1	0.2683	0.8753	1.0688	0.5861	1.7061		0.9727	5.0301
	2	0.5366		0.6265			0.6265		

阶数	组成部分序号	实部	虚部	截止频率	阻尼系数	品质因数	3dB 截止频率	峰值频率	峰值电压
4	1	0.3872	0.3850	0.5969	1.4182	0.7051	0.5951		
	2	0.1605	0.9297	1.0313	0.3402	2.9391		1.0010	0.4918
5	1	0.2767	0.5902	0.6905	0.8490	1.1779		0.5522	2.2849
	2	0.1057	0.9550	1.0178	0.2200	4.5451		1.0054	13.2037
	3	0.3420		0.3623			0.3623		

在表 5.7 中，五阶滤波器是由两个二阶萨伦·基滤波器和一个有源单极点滤波器构成的。反归一化后，其截止频率分别为 690.5Hz、1017.8Hz、362.3Hz。其中有源单极点滤波器没有 α 和 Q 参数，直接用有源单极点滤波器设计方程进行计算即可；二阶萨伦·基滤波器可以参照 5.5.2 节介绍的等波纹型（切比雪夫型）滤波器的设计方法进行设计即可。

5.6　状态变量滤波器

状态变量滤波器又称多态变量滤波器，是用专用状态变量滤波器设计集成芯片实现的。随着集成芯片设计工艺的不断提高，状态变量滤波器是以使用更多电子元器件为代价的，其提供了更高精准度的滤波器设计实现方案。

在状态变量滤波器设计中，滤波器的三个主要参数（增益 H、品质因数 Q、截止角频率 ω_0）相互独立，调节时互不影响。并且在使用状态变量器件设计滤波器时，可以分别从不同的位置同时实现低通、高通和带通滤波器。如果使用外接运放对滤波器的输出进行合理的加减，还可以实现陷波等其他滤波功能。

5.7　借助软件进行滤波器设计

通过上面的查表计算法，滤波器的设计得到了极大的简化，但是在元器件的合理选取上，如果没有足够的经验，那么将很难使器件参数全部设计在最接近标称值且最合适的比例上，而且对于相对复杂的截止频率，这种计算方法不免有些烦琐，因而，借助软件进行滤波器设计有其优势和必要性。

5.7.1　Filter Wizard 滤波器设计向导

Filter Wizard 滤波器设计向导是 ADI 公司旗下的在线有源滤波设计软件，其初始登录界面如图 5.11 所示。

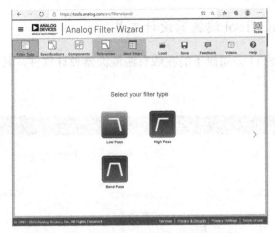

图 5.11　Filter Wizard 初始登录界面

步骤 1：选择滤波器类型（Low Pass/High Pass/Band Pass）后进入如图 5.12 所示的滤波器参数配置界面。

步骤 2：在滤波器参数配置界面完成参数配置（以带通滤波器为例）。

步骤 3：单击"Components"按钮进行元器件配置，用户可以自主选择 ADI 公司的产品，或者由软件自动推荐其产品。配置完毕后单击"Tolerances"按钮进入元器件容差调整。

步骤 4：调整完元器件容差后，单击"Next Steps"按钮，按提示完成滤波器设计。

步骤 5：单击"Load"按钮装载设计电路，完成设计后单击"Save"按钮保存。

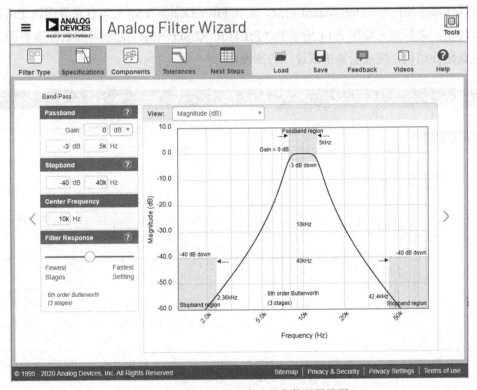

图 5.12　Filter Wizard 滤波器参数配置界面

5.7.2　Filter Design Tool 滤波器设计工具

Filter Design Tool 是 TI 公司旗下的在线有源滤波器设计软件,其初始登录界面如图 5.13 所示。

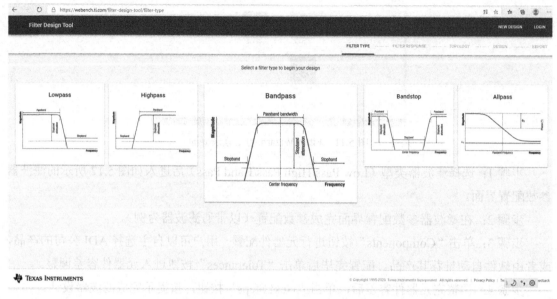

图 5.13　Filter Design Tool 初始登录界面

其具体操作流程与 Filter Wizard 相似。先在 Filter Design Tool 初始登录界面选定所设计的滤波器类型;之后进入如图 5.14 所示的"FILTER RESPONSE"滤波器参数配置界面;之后选择电路拓扑结构;完成后输出所设计的滤波器。

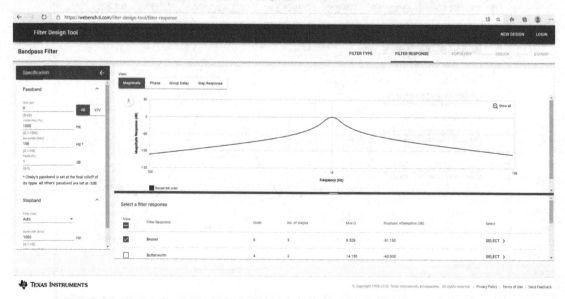

图 5.14　Filter Design Tool 滤波器参数配置界面

利用 Filter Design Tool 滤波器设计工具可以轻松完成滤波器的设计、优化及仿真，帮助我们在短时间内轻松完成多阶有源滤波器的设计。

5.8　有源器件（运放）的局限性

在有源滤波器电路中，有源器件集成运算放大器的性能对整个滤波器的性能影响较大。在前面设计分析萨伦·基滤波器和状态变量滤波器等电路拓扑结构时，一直把有源器件集成运算放大器视为理想器件。

理想运算放大器具有以下特性：

（1）无限开环增益；

（2）无限输入阻抗；

（3）零输出阻抗。

对于理想集成运算放大器，通常认为其器件参数不随频率而变化，但实际使用的运算放大器并非如此。尽管随着微电子学的高速发展及制造工艺技术的不断进步，设计生产出来的集成运算放大器的性能有很大提高，但在实际中仍无法实现完美的理想运算放大器模型。对于实际中使用的运算放大器，其最大的局限性在于其增益随频率变化，所有运算放大器的带宽都是有限的，这主要受制造集成运算放大器材料的物理特性的限制。

第6章 音响系统设计

音响系统是人们日常生活中较常用的电子系统，在很多电子产品中都会用到，如手机、电视机、笔记本电脑、车载音响、专用音响等。不同的音响系统的性能差别很大，价格也相差悬殊，人们可以根据需要，选择适合自己的音响系统。

6.1 设计要求及注意事项

6.1.1 设计要求

（1）设计一个至少包括前置放大、音调调整、音量控制和功率放大4级单元电路的音响系统。

（2）逐级设计各单元电路，详细分析各单元电路的设计过程，画出单元电路原理图，分析主要元器件的选择依据。

（3）设计各单元电路的实现、调试、测试方案和实验数据记录表格，完成各单元电路测试，分析各单元电路的测试数据和输入、输出波形是否满足设计要求。

（4）根据前面的分析画出系统设计框图或系统设计流程图。

（5）根据系统设计框图逐级级联各单元电路，每增加一级电路，必须先测试并检验级联后的电路是否满足设计要求。如果级联后的电路可以满足设计要求，方可继续级联下一级电路；如果级联后的电路不满足设计要求，则必须先定位问题所在点，完成纠错后方可继续级联下一级电路。否则，一旦系统电路出现故障，就很难排查。

（6）设计系统电路的测试方案和实验数据记录表格，测试系统电路的实验数据和输入、输出波形，详细分析系统电路的测试数据和输入、输出波形是否满足设计要求。

（7）用计算机辅助电路设计或仿真软件（如 Altium Designer、Multisim 等）画出系统电路原理图，记录分析在电路设计过程中遇到的问题，总结并分享电路设计经验。

6.1.2 注意事项

（1）在搭接音响电路前，应先切断电源，对系统电路进行合理布局。布局布线应遵循"走线最短"原则。通常，应按信号的传递顺序逐级进行布局布线。带电作业容易损坏电子元器件，并引起电路故障。

（2）电路系统应逐级调试，单元电路调试完成后方可级联。每增加一级电路，应先检测级联后的电路功能是否正常，若正常则方可继续级联下一级电路。不允许直接将已经调试好的所有单元电路直接级联，否则，一旦系统电路出现故障，就很难排查。

（3）音响电路的电源和地应尽量按顺序接入，不要有交叉。尤其是功率放大器的电源和地，必须经过去耦滤波电路处理后，方可送给前级小信号处理电路。

（4）在搭接音响系统电路时，应尽量坚持少用导线、用短导线，盲目使用导线很容易引入不必要的寄生参量，增大电路产生自激振荡的概率。

（5）音响系统电路安装完毕后，不要急于通电，应仔细检查元器件引脚有无接错，测量电源与地之间的阻抗。如果发现存在阻抗过小等问题，那么应及时纠错。

（6）接通电源时，应注意观察电路有无异常，如元器件发热、异味、冒烟等异常现象。如有，应立即切断电源，待故障排除后方可通电。

（7）检测电路功能时，应首先测试各单元电路的静态工作点是否正常，待各单元电路的静态工作点调试正确无误后，方可加入交流信号进行动态功能测试。

（8）检验电路动态功能时，应顺着交流信号的流动方向，用示波器逐级观察输入、输出波形。

（9）用音箱放音前，应先将音量调小，即功放级输出波形的有效值最好小于 500mV。待音箱能够播放出清晰的声音后，方可继续调节音量控制旋钮（电位器）和音调调整旋钮（电位器）进行实际播放效果试音。

6.2　设计指标

（1）语音放大级的输入灵敏度：5mV。

（2）当负载 R_L=10Ω，供电电压 V_{CC}= ±12V 时，功率放大级的最大输出功率不小于 5W。

（3）频率响应范围：20Hz～20kHz。

（4）音调调整：低音 100Hz±20dB，高音 15kHz±20dB。

6.3　系统设计框图

音响系统主要包括话筒（MIC）、语音放大电路、前置混合放大电路、音调调整电路、音量控制电路、功率放大电路、音箱等，其系统设计框图如图 6.1 所示。

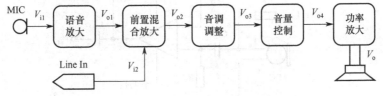

图 6.1　音响系统设计框图

6.4　设计分析

根据系统设计框图的要求，音响系统需要设计 5 级单元电路：语音放大电路、前置混合放大电路、音调调整电路、音量控制电路、功率放大电路。如果不使用话筒拾取前级信号，那么语音放大电路和前置混合放大电路可以用一个电路实现。

6.4.1　语音放大电路

集成运算放大器具有输入阻抗高、输出阻抗低、工作状态稳定等优点，因此，本实验推荐使用集成运算放大器来设计语音放大电路。

1．电路设计

语音放大电路的主要作用是不失真地放大来自话筒（MIC）的输出信号。

实验室可以提供的话筒大多是电容式驻极体话筒。驻极体话筒有两个输出引脚，分正、负极，如图 6.2 所示。

图 6.2　驻极体话筒

驻极体话筒的电路连接如图 6.3 所示。

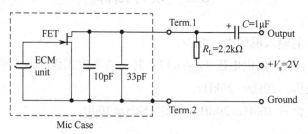

图 6.3　驻极体话筒的电路连接

本实验以驻极体话筒为例介绍语音放大电路的设计，其电路原理图如图 6.4 所示。

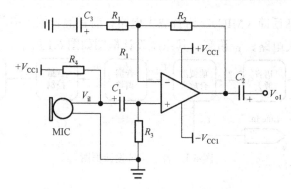

图 6.4　语音放大电路的电路原理图

在图 6.4 所示的语音放大电路中，采用了双电源供电方式。

外接电源$+V_{CC1}$通过电阻 R_4 给驻极体话筒提供直流偏置。如果外接电源$+V_{CC1}$的电压值过高，则需要做降压处理，或通过改变电阻 R_4 的电阻值来调整直流偏置电流。

电容 C_1、C_2 是输入、输出耦合电容。耦合电容的标称值应根据待处理信号的频率范围和电路的输入阻抗计算得到。所选电容的电容值应保证可以将待处理信号不失真地传递给下一级电路。

本实验需要放大的音频信号频率为 20Hz～20kHz。根据设计要求，对系统频率范围内的信号，电容的容抗与下一级电路的输入阻抗相比，应小到可以忽略不计。

电容的容抗 X_C 可以用下式计算得到：

$$X_C = \frac{1}{2\pi fC}$$

如果输入耦合电容 C_1 选用标称值为 10μF 的电容，则对于频率在 20Hz～20kHz 范围内的交变信号，计算得到的容抗值为 0.796～796Ω。图 6.4 采用的是同相比例放大器，其输入阻抗高。相对于同相比例放大器的输入阻抗，上面计算得到的容抗值小到可以忽略。

电容 C_3 是隔直电容，其标称值的选取应根据系统下限截止频率和电路响应时间计算后确定，具体的计算公式为

$$f_L = \frac{1}{2\pi R_1 C_3}$$

通过计算可知，如果 C_3 选择得过小，系统下限转折频率 f_L 会较高；如果 C_3 选择得过大，RC 值较大，接通电源的瞬间，需要对电容进行充电，电压上升速率变慢，系统响应时间变长。本实验建议电容 C_3 选用 22μF 的铝电解电容。

确定电阻 R_1、R_2 的电阻值时，应保证：对于 20Hz～20kHz 的音频信号，电容 C_3 的容抗相对于电阻 R_1、R_2 的阻抗应很小，小到可以忽略不计，因此，在计算语音放大电路交流电压放大倍数时才可以将其忽略。

图 6.4 所示同相比例放大器的交流电压放大倍数为

$$A_v = \frac{V_{o1}}{V_{i1}} = 1 + \frac{R_2}{R_1}$$

选取电阻值时，应先根据电容 C_3 的容抗确定电阻 R_1 的阻值，保证在频率范围内电容 C_3 的容抗相对于电阻 R_1 的阻抗很小，小到可以忽略不计。

在确定反馈电阻 R_2 的电阻值时，应考虑器件的单位增益带宽限制，反馈电阻 R_2 不宜选择得过大。实际使用时，应尽量选用最接近增益设计要求的标称值电阻。

电阻 R_3 是静态平衡电阻，可以根据集成运放的静态平衡原则计算得到。

电解电容的耐压值应根据所使用的电源电压确定。工程设计要求电容的耐压值应高于电源电压，并且还要给出 50% 以上的设计裕量，以保证系统可以长期稳定工作。

2. 电路测试

在测试语音放大电路时，可以用函数发生器模拟产生驻极体话筒输出的信号。用函数发生器模拟驻极体话筒时，应把驻极体话筒、给驻极体话筒提供直流偏置的电阻 R_4 从语音放大

电路的输入端上断开。

将函数发生器的输出信号设置为正弦波——频率为 1kHz 的中频信号。

用示波器的两个通道同时观测语音放大电路的输入、输出波形的变化。

设计实验数据记录表格，测试并记录语音放大电路的输入、输出电压有效值，计算电压放大倍数是否满足设计要求，如果测试得到的电压放大倍数不能满足设计要求，则须找出问题后方可继续实验。

保持输入信号的幅值不变，改变输入的频率，用示波器的两个通道同时观察语音放大电路的输入、输出波形的变化，判断其带宽是否满足设计要求。

6.4.2 前置混合放大电路

前置混合放大电路的主要作用是将经语音放大电路放大后的输出信号与播放机输出的音乐信号 V_{i2} 混合并放大，然后送给下一级音调调整电路进行处理。

1．电路设计

受单位增益带宽（增益带宽积）的制约，为保证前置混合放大电路有较宽的通频带，前置混合放大电路的电压增益不宜设置得过高，否则在带宽范围内容易引起波形失真。

图 6.5 所示为用集成运算放大器设计的前置混合放大电路。

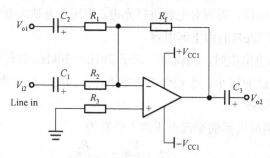

图 6.5　前置混合放大电路

前置混合放大电路的主要作用是将两路输入信号 V_{o1} 和 V_{i2} 进行放大并叠加。两路输入信号分别来自语音放大电路输出的信号 V_{o1} 和播放机输出的音乐信号 V_{i2}。如果选用电阻 $R_1=R_2=R$，则总的输出电压 V_{o2} 为

$$V_{o2} = -\frac{R_f}{R_1}V_{o1} - \frac{R_f}{R_2}V_{i2} = -\frac{R_f}{R}(V_{o1} + V_{i2})$$

如果前级没有设计语音放大电路，则前置混合放大电路的输出可以简化为

$$V_{o2} = -\frac{R_f}{R_2}V_{i2}$$

在图 6.5 中，电容 C_1、C_2、C_3 是输入、输出耦合电容，其电容值可以根据前述章节介绍的设计分析方法进行选取。在选取前置混合放大电路的电阻值时，应该先根据耦合电容值确定输入电阻 R_1、R_2 的电阻值；然后根据设计的放大倍数选取反馈电阻 R_f 的电阻值。

电阻 R_3 是静态平衡电阻，可以根据集成运算放大器的静态平衡原则而计算得到。

2. 电路测试

验证前置混合放大电路时，应先单独测试前置混合放大电路的功能是否正常。

将函数发生器的输出信号设置为正弦波，即频率为 1kHz 的中频测试信号。

在测试前置混合放大电路时，应先单独分别只接入一路输入信号，没接输入信号的输入端直接接地，以减小因输入端空载而引入的噪声干扰。

用示波器的两个通道同时观测输入、输出波形的变化，设计实验数据记录表格，分两次测出两个不同输入通路的输入、输出电压有效值，记录实验数据，计算电压放大倍数。

如果没有设计语音放大电路，则只需测试一路输入信号的放大数据。

保持输入信号的波形和幅值不变，改变输入信号的频率，用示波器的两个通道同时观测前置混合放大电路的输入、输出波形的变化，判断其带宽是否满足设计要求。

当确定前置混合放大电路的功能正常后，再将已经调试好的语音放大电路和前置混合放大电路级联，测试两级电路级联后的功能是否正常。

6.4.3 音调调整电路

为美化音质，经前置混合放大后的音频信号需经适当处理，以得到更加好听的声音信号。在较高档的组合音响中，音质处理电路主要包括音调调整电路、带宽控制电路、均衡电路、降噪电路、延时混响电路等。本节只介绍其中的音调调整电路。

1. 电路设计

不同人发出的声音信号，其高音部分和低音部分不完全一样，并且不同人对高音信号与低音信号的感觉和喜好也不完全相同。在音响电路中，为了弥补扬声器和放音环境的不足，满足人们对不同音调的喜好，在前置混合放大电路的输出端通常需要加一级音调调整电路，用以调整待处理信号的幅频特性，即调整不同频率信号的电压放大倍数，有选择地提升或抑制指定频段的信号，达到美化音质的目的。

音调调整电路有多种形式，图 6.6 所示为负反馈式音调调整电路。

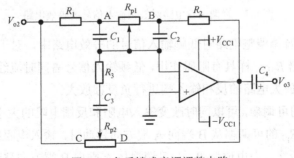

图 6.6 负反馈式音调调整电路

负反馈式音调调整电路具有失真小、通频带宽、插入损耗小等优点。通过选用不同的电

容值 C_1、C_2、C_3，电路可以自动将音频信号划分为三个频段：低频信号、中频信号和高频信号。通过调整不同频段所对应的电压放大倍数调节旋钮，即改变电位器 R_{p1} 和 R_{p2} 可调端的位置，可以有选择地使低音信号或高音信号得到提升或抑制，实现音调调整。

在图 6.6 所示的负反馈式音调调整电路中，经前置混合放大电路放大后的输出信号 V_{o2} 送到音调调整电路的输入端，通过选用符合设计要求的电容值 C_1、C_2、C_3，可以使不同频率的输入信号流经不同的通路。

在选择 C_1、C_2 的电容值时，应保证 $C_1=C_2=C$。

① 对于低频输入信号，应保证电容 C 的容抗与电位器 R_{p1} 的阻抗具有可比性，和电位器一样，在电路中表现为阻碍低频信号。低频输入信号需同时流经电容 C_1 和电位器 R_{p1} 的 A 端部分后，送至放大电路的反相输入端进行负反馈放大。

② 对于中频和高频输入信号，应保证电容 C_1、C_2 的容抗足够小，在电路中表现为短路，可以把电容 C_1、C_2 视为短路线，即对于中、高频输入信号，相当于电阻 R_2、R_2 直接连接在反相输入端，电位器 R_{p1} 被短路。

在选择电容 C_3 时，相比于 C_1、C_2，应保证 C_3 的电容值足够小。

① 对于中、低频输入信号，应保证电容 C_3 的容抗足够大，在电路中表现为阻断中、低频输入信号。

② 对于高频输入信号，应保证电容 C_3 的容抗足够小，在电路中表现为短路，高频输入信号可以流经电位器 R_{p2}、电容 C_3、电阻 R_3 至反相输入端；反馈回路与输入回路公用电位器 R_{p2}、电容 C_3、电阻 R_3。

当只考虑处理低频输入信号时，电容 C_1、C_2、C_3 的容抗都足够大，电容 C_3 表现为开路，图 6.6 所示电路可以简化为图 6.7 所示的电路。

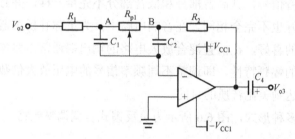

图 6.7　音调调整电路对低频输入信号的等效电路

在图 6.7 所示的音调调整电路对低频输入信号的等效电路中，对于低频输入信号，电容 C_1、C_2 的容抗与电位器 R_{p1} 一样具有阻碍作用，低频输入信号需同时流经电容 C_1 和电位器 R_{p1} 的 A 端部分后，送至放大电路的反相输入端进行负反馈放大。

调节电位器 R_{p1} 的可调端，可以同时改变输入电阻和反馈电阻的大小，即改变放大电路的电压增益。当电位器 R_{p1} 的可调端从 B 端向 A 端方向移动时，输入电阻减小，反馈电阻增大，电压放大倍数增大；反之，当电位器 R_{p1} 的可调端从 A 端向 B 端方向移动时，输入电阻增大，反馈电阻减小，电压放大倍数减小。因此，通过改变电位器 R_{p1} 可调端的位置，可以达到提升或抑制低频输入信号的目的。

根据 6.2 节的设计指标要求，在 100Hz 和 15kHz 的频点上，音调调整电路对输入信号最大有±20dB 的提升或抑制作用，即音调调整电路对输入信号最大有 10 倍（+20dB）的电压提升或 0.1 倍（−20dB）的电压抑制作用。

当电位器 R_{p1} 的可调端调到 A 端位置时，音调调整电路对低频输入信号最大有−10 倍（+20dB）的电压放大作用，即

$$A_{vmax} = \frac{V_{o3}}{V_{o2}} = -\frac{R_2 + R_{p1} // \dfrac{1}{j\omega C_2}}{R_1} = -10$$

当电位器 R_{p1} 的可调端调到 B 端位置时，音调调整电路对低频输入信号最大有−0.1 倍（−20dB）的电压抑制作用，即

$$A_{vmin} = \frac{V_{o3}}{V_{o2}} = -\frac{R_2}{R_1 + R_{p1} // \dfrac{1}{j\omega C_1}} = -0.1$$

根据前面的设计分析可知：在低频段，电容 C_1、C_2 的容抗与电位器 R_{p1} 的阻抗具有可比性，且 $C_1 = C_2 = C$。当电位器的可调端分别被调到 A 端或 B 端后，电路对低频信号的抑制或提升作用最大，则上面两式可以化简为

$$\frac{R_2 + R_{p1}}{R_1} = \frac{R_1 + R_{p1}}{R_2} = 10$$

对于图 6.7 所示的电路，应先根据输入信号的频率范围和输入耦合电容值确定输入电阻 R_1 的电阻值。相对于输入耦合电容的容抗，电阻 R_1 的阻抗应足够大，根据 6.4.1 节的设计分析计算可知，电阻 R_1 应选 10kΩ 数量级的电阻值。

电阻 R_1、R_2 应设计成对称相等，即 $R_1 = R_2 = R$。如果电阻 R_1、R_2 均选用标称值为 11kΩ 的电阻，经计算，则电位器 R_{p1} 应选用标称值为 100kΩ 的电位器。

对于频率小于 1kHz 的低频信号，如果选用标称值为 0.033μF 的电容，经计算，则其容抗小于 48kΩ，接近 100Ω 的一半，具有可比性，因此，可以尝试测试实际效果。

当只考虑中频输入信号时，电容 C_1、C_2 的容抗要足够小，对于中频输入信号，电容 C_1、C_2 在电路中表现为短路；电容 C_3 的容抗足够大，对于中频输入信号，电容 C_3 在电路中表现为断路。因此，对于中频输入信号，图 6.6 所示电路可以简化为图 6.8 的所示电路。

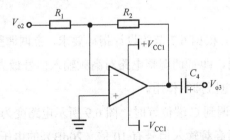

图 6.8　音调调整电路对中频输入信号的等效电路

由图 6.8 可知，对于中频输入信号，电压放大倍数为

$$A_v = \frac{V_{o3}}{V_{o2}} = -\frac{R_2}{R_1} = -1$$

对于中频输入信号，电位器 R_{p1}、R_{p2} 没有调节作用，中频输入信号的电压放大倍数仅由电阻 R_1 和 R_2 的电阻值决定。因电阻 $R_1=R_2=R$，故音调调整电路对中频输入信号的电压放大倍数的绝对值等于 1，即电压增益等于 0dB。

当只考虑高频输入信号时，电容 C_1、C_2、C_3 的容抗足够小，在电路中都表现为短路，因此，图 6.6 所示电路可以简化为图 6.9 所示的电路。

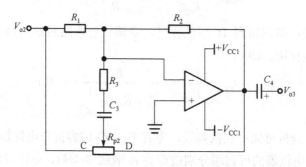

图 6.9　音调调整电路对高频输入信号的等效电路

在图 6.9 所示的音调调整电路对高频输入信号的等效电路电路中，高频输入信号有两条输入通路：一路输入信号流经电阻 R_1 直接送至放大电路的反相输入端进行负反馈放大；另一路输入信号流经电位器 R_{p2} 靠近 C 端的部分、电容 C_3、电阻 R_3 至放大电路的反相输入端进行负反馈放大。

由于电阻 $R_1=R_2=R$，因此流经电阻 R_1 至负反馈输入端的高频输入信号不会被放大。流经电位器 R_{p2} 靠近 C 端的部分、电容 C_3、电阻 R_3 至放大电路负反馈输入端的高频输入信号有可能被放大，也可能被抑制。

调节电位器 R_{p2} 可调端的位置，会改变输入电阻值和反馈电阻值的大小，即改变电压放大倍数。当电位器 R_{p2} 的可调端由 D 端向 C 端方向移动时，输入电阻减小，反馈电阻增大，电压放大倍数增大；反之，当电位器 R_{p2} 的可调端由 C 端向 D 端方向移动时，输入电阻增大，反馈电阻减小，电压放大倍数减小。通过改变电位器 R_{p2} 可调端的位置，可以达到提升或抑制高频输入信号的目的。

在图 6.9 所示的电路中，根据 6.2 节的设计指标要求，音调调整电路对高频输入信号最大有 ±20dB 的提升或抑制作用，即音调调整电路对高频输入信号最大有 10 倍（+20dB）的电压提升和 0.1 倍（−20dB）的电压抑制作用。

当电位器 R_{p2} 的可调端调到 C 端位置时，图 6.9 所示电路变为图 6.10 所示的电路。

此时，音调调整电路对高频输入信号有 10 倍（20dB）的电压提升作用，即

$$A_{vmax} = \frac{V_{o3}}{V_{o2}} = \frac{R_2 // \left(R_3 + \dfrac{1}{j\omega C_3} + R_{p2} \right)}{R_1 // \left(R_3 + \dfrac{1}{j\omega C_3} \right)} = 10$$

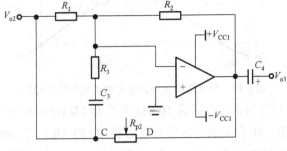

图 6.10　对高频输入信号音调调整电路的 R_{p2} 调到 C 端的等效电路

当电位器 R_{p2} 的可调端调到 D 端位置时，图 6.9 所示电路变为图 6.11 所示的电路。

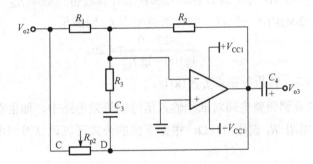

图 6.11　对高频输入信号音调调整电路的 R_{p2} 调到 D 端的等效电路

此时，音调调整电路对高频输入信号有 0.1 倍（−20dB）的电压抑制作用，即

$$A_{vmin} = \frac{V_{o3}}{V_{o2}} = \frac{R_2 // \left(R_3 + \dfrac{1}{j\omega C_3} \right)}{R_1 // \left(R_3 + \dfrac{1}{j\omega C_3} + R_{p2} \right)} = 0.1$$

当电位器 R_{p2} 选用标称值为 100kΩ 的电位器时，经计算 R_3=1.091kΩ。根据附录 A 中的 E-24 系列常用电阻标称值可知，R_3 选用 1.1kΩ 的电阻比较接近设计要求。

2．幅频特性

根据 6.2 节的设计指标要求，负反馈式音调调整电路的幅频特性曲线如图 6.12 所示。在选取电容值时，应先计算转折点频率，即图 6.12 中虚线上的折点所对应的 4 个频率点 f_{L1}、f_{L2}、f_{H1}、f_{H2}。

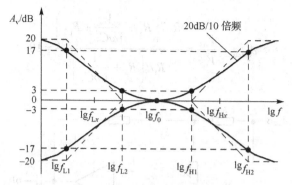

图6.12　负反馈式音调调整电路的幅频特性曲线

根据 6.2 节的设计指标要求，在低音 100Hz 和高音 15kHz 这两个频点上，音调调整电路对输入信号最大有 20dB（10 倍）的电压提升作用和−20dB（0.1 倍）的电压抑制作用。因此，f_{L1} 对应 100Hz，f_{H2} 对应 15kHz。在频率 $f_{L2}\sim f_{H1}$ 范围内，电压放大倍数的绝对值应等于 1，即电压增益等于 0dB，如图 6.12 所示。

在低频段，用 $f_{L1}=100$Hz 对应最大衰减−20dB 来计算转折点频率 f_{L2}。从频率点 f_{L1} 变化到 f_{L2}，增益的变化率为 20dB/10 倍频程，则转折频率点 f_{L2} 应满足

$$\frac{-20-0}{\lg 100 - \lg f_{L2}} = 20$$

经计算得 $\lg f_{L2} = 3$，转折频率点 $f_{L2}=1$kHz。

在图 6.7 所示的音调调整电路对低频输入信号的等效电路中，如果将低音信号的频率设定为 20Hz～1kHz，电阻 R_1 选用 11kΩ，根据下面的公式可以计算得到电容 C_1 为 0.0145～0.724μF

$$f = \frac{1}{2\pi RC}$$

实际应根据常用电容标称值列表选用，并根据实际实验效果做适当的调整。

在高频段，用 $f_{H2}=15$kHz 对应最大衰减−20dB 来计算转折点频率点 f_{H1}。从频率点 f_{H1} 变化到 f_{H2}，增益的变化率为−20dB/10 倍频程，则转折频率点 f_{H1} 应满足

$$\frac{0-(-20)}{\lg f_{H1} - \lg 15000} = -20$$

经计算得 $\lg f_{H1} = 3.176$，转折频率点 $f_{H1}=1.5$kHz。

在确定电容 C_3 的电容值时，应根据实验已经确定的电容 C_1 和 C_2 的电容值选取。

① 对于高频段的输入信号，电容 C_3 的容抗相对较小；而对于中低频段的输入信号，电容 C_3 的容抗相对较大。

② 对于中高频段的输入信号，电容 C_1、C_2 的容抗相对较小；而对于低频段的输入信号，电容 C_1、C_2 的容抗相对较大。

因此，电容 C_3 的电容值应比电容 C_1、C_2 的电容值小一个频段，即为 1/10。在确定电容 C_3 的取值时，还应根据实际测得的音调调整电路的幅频特性曲线做适当调整。

3. 电路测试

为便于计算分析音调调整电路对高、低音信号的调节作用，应单独测试与分析音调调整电路的数据和波形，画出音调调整电路的幅频特性曲线。

将函数发生器的输出信号设为正弦波，输出电压的有效值为 100mV。

搭接音调调整电路低频通路。

① 将电位器 R_{p1} 的可调端调到中点位置，用示波器的两个通道同时观测输入、输出波形。设计实验数据记录表格，改变输入信号的频率，测试并记录在不同频率点下音调调整电路的调节控制作用，用波特图的形式绘制幅频特性曲线。

② 改变电位器 R_{p1} 可调端的位置至 A 端，用示波器的两个通道同时观察输入、输出波形。设计实验数据记录表格，改变输入信号的频率，测试并记录音调调整电路对低音输入信号的提升作用，用波特图的形式绘制出幅频特性曲线。

③ 改变电位器 R_{p1} 可调端的位置至 B 端，用示波器的两个通道同时观察输入、输出波形。设计实验数据记录表格，改变输入信号的频率，测试并记录音调调整电路对低音输入信号的抑制作用，用波特图的形式绘制出幅频特性曲线。

搭接音调调整电路高频通路，将音调调整电路补充完整。将电位器 R_{p1} 可调端的位置调至中点并保持不变。

① 将电位器 R_{p2} 的可调端调到中点位置，用示波器的两个通道同时观察输入、输出波形。设计实验数据记录表格，改变输入信号的频率，测试并记录在不同频率点下音调调整电路的调节控制作用，用波特图的形式绘制出幅频特性曲线。

② 改变电位器 R_{p2} 可调端的位置至 C 端，用示波器的两个通道同时观察输入、输出波形。设计实验数据记录表格，改变输入信号的频率，测试并记录音调调整电路对高音输入信号的提升作用，用波特图的形式绘制出幅频特性曲线。

③ 改变电位器 R_{p2} 可调端的位置至 D 端，用示波器的两个通道同时观察输入、输出波形。设计实验数据记录表格，改变输入信号的频率，测试并记录音调调整电路对高音输入信号的抑制作用，用波特图的形式绘制出的幅频特性曲线。

参考图 6.12 所示的负反馈式音调调整电路的幅频特性曲线，将电路对高、低音输入信号的提升和抑制作用的幅频特性曲线（波特图）画在一张图上并做对比分析。

6.4.4 音量控制电路

按音量控制对象的不同，音量控制电路可以分为电压式和电流式两种。当音量控制电路前一级电路的输出阻抗较大，后一级电路的输入阻抗较小时，为了能有效地传递有用信号，应选用电流式音量控制电路；当音量控制电路前一级电路的输出阻抗较小，后一级电路的输入阻抗较大时，应选用电压式音量控制电路。

1. 电路设计

负反馈式音调调整电路的输出阻抗较小，功率放大电路的输入阻抗较大，因此，本实验建议采用电压式音量控制电路来实现音量控制。

图 6.13 所示为用电位器 R_{p3} 和电阻 R_5 并联实现的信号衰减法电压式音量控制电路。通过改变电位器 R_{p3} 可调端的位置，可以改变输入信号的衰减量，即通过改变功率放大电路输入信号的幅值可以改变声音信号的强弱，实现音量控制。

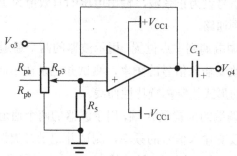

图 6.13　输出近似按指数规律变化的音量控制电路

图 6.13 中的电压跟随器有隔离作用，用以缓解功率放大电路噪声对前级电路的影响。

声音信号的强度与响度不是线性关系，而是近似对数关系，即声音信号的强度每增大为原来的 10 倍，人耳所能感觉到的响度只增大为原来的 2 倍。

为了符合人耳的听觉习惯，在设计音量控制电路时，应采用电阻值按指数规律变化的电位器实现。但考虑设计成本，本实验推荐采用图 6.13 所示的电路。电位器 R_{p3} 与电阻 R_5 并联，可使输出电压信号近似按指数规律变化。

在图 6.13 所示的音量控制电路中，输入信号与输出信号的关系为

$$V_{o4} = \frac{R_5 /\!/ R_{pb}}{R_{pa} + R_5 /\!/ R_{pb}} V_{o3}$$

式中，　$R_{p3} = R_{pa} + R_{pb}$。

在图 6.13 所示的电路中，当改变线性电位器 R_{p3} 可调端的位置时，在音量控制电路的输出端可以得到近似按指数规律变化的输出电压 V_{o4}。输出电压 V_{o4} 的大小是由电位器 R_{p3} 的电阻值、R_{p3} 可调端的位置和 R_5 的电阻值共同决定的。

当电位器 R_{p3} 选用标称值为 47kΩ 的电位器，电阻 R_5 分别选用标称值为 2kΩ、3kΩ、4.3kΩ、5.1kΩ、6.2kΩ、7.5kΩ 和 8.2kΩ 的电阻值时，在音量控制电路的输出端可以得到图 6.14 所示的输出电压变化曲线。

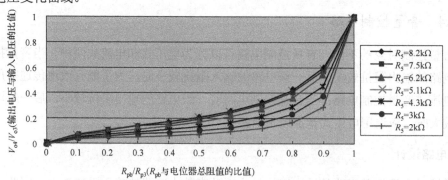

图 6.14　音量控制电路的输出电压与电位器 R_{p3} 阻值的变化关系

其中，横坐标是电位器 R_{p3} 中的 R_{pb} 与电位器总阻值的比值，纵坐标是输出电压 V_{o4} 与输入电压 V_{o3} 的比值。

由图 6.14 可知，将线性电位器与电阻并联，调节电位器可调端的位置，可以得到近似按指数规律变化的输出电压曲线，从而得到声音响度符合人耳变化规律要求的声音信号，符合人耳听觉习惯，实现适合人耳需要的音量控制。

2．电路测试

将图 6.6 所示的负反馈式音调调整电路中的两个电位器 R_{p1}、R_{p2} 的可调端都调回中点位置并保持不变，将前面已经调试好的所有单元电路级联。

将函数发生器的输出信号设置为正弦波，频率为 1kHz。

用示波器的两个通道同时观测级联电路输入、输出波形的变化。

调节音量控制电位器 R_{p3} 可调端的位置，使频率在 1kHz 时级联电路的输出电压的有效值在 100mV 左右。保持电位器 R_{p3} 可调端的位置不变，改变输入信号的频率。观察当输入信号的频率在 20Hz～20kHz 范围内变化时级联电路输出电压的变化。

如果当输入信号的频率在 20Hz～20kHz 范围内变化时，级联电路的输出电压能够基本保持在有效值 100mV 左右不变，则说明级联电路的频率特性能满足设计要求。

如果当输入信号的频率在 20Hz～20kHz 范围内变化时，级联电路的输出电压变化范围较大，且有明显的变化规律，则说明级联电路的频率特性不能满足设计要求，需要对电路进行纠错后再重新进行测试。

纠错前，应注意检查音量控制电路中的两个电位器的可调端是否已经调回中点位置。

6.4.5 功率放大电路

功率放大电路的主要作用是放大来自音量控制电路的输出信号，将音频输入信号进行功率放大并推动音箱发声。与前面小信号放大电路不同，功率放大电路处理的是大信号，容易引入噪声，产生非线性失真，引起自激振荡。

功率放大电路应具有一定的输出功率，其输入阻抗能与前一级音量控制电路的输出阻抗匹配；其输出阻抗能与后一级扬声器负载匹配，否则将影响放音效果。

1．常用的音频功率放大器

音频功率放大器种类繁多，使用前应详细了解器件的性能指标和主要技术参数。

音频功放的主要技术指标有输出功率、频率响应、失真度、信噪比、输出阻抗等。

① 输出功率——单位为瓦特（W），由于各生产厂家的测量方法不同，输出功率有多种叫法，如额定输出功率、音乐输出功率、峰值输出功率等。

② 频率响应——是指音频功放的频率工作范围和频率范围内的不均匀度。

③ 失真度——理想音频功率放大器应能不失真地放大音频信号。但由于很多技术条件限制，经音频功放处理后的音频信号与输入信号相比，往往会产生不同程度的畸变，即失真，

失真用百分比表示，称为失真度。

④ 信噪比——是指信号电平与音频功放输出的各种噪声电平之比，用 dB 表示。

⑤ 输出阻抗——是指对扬声器所呈现的等效内阻。

（1）硅功率晶体三极管 TIP41/42

硅功率晶体三极管 TIP41/42 引脚封装如图 6.15 所示。

1—基极 b；2—集电极 c；3—发射极 e

图 6.15　硅功率晶体三极管 TIP41/42 引脚封装

TIP41/42 是很多电子元器件生产厂家生产的一对 NPN/PNP 型硅功率晶体三极管。该系列晶体三极管具有工作电压高、驱动电流大、输出功率大、开关速度快等优点，可以用于设计互补对称型音频功率放大电路、通用线性功率放大电路等。

表 6.1 所示为硅功率晶体三极管 TIP41/42 的主要技术参数。

表 6.1　硅功率晶体三极管 TIP41/42 的主要技术参数

参 数 名 称		参 数 符 号	参 数 值			单　　位
器件类型（器件名称）		NPN	TIP41A	TIP41B	TIP41C	
器件类型（器件名称）		PNP	TIP42A	TIP42B	TIP42C	
集电极-基极最大反向电压（I_E=0）		V_{CBO}	60	80	100	V
集电极-发射极最大穿透电压（I_B=0）		V_{CEO}	60	80	100	V
发射极-基极最大反向电压（I_C=0）		V_{EBO}	5			V
集电极最大连续工作电流		I_C	6			A
集电极峰值电流		I_{CM}	10			A
基极最大连续工作电流		I_B	2			A
最大输出功率	带散热片 T_C≤25℃	P_o	65			W
	不带散热片 T_A≤25℃		2			W
带散热片	高于 25℃时，温度每升高 1℃，输		0.52			W/℃
无散热片	出功率下降		0.016			W/℃

（2）集成功率放大器 TDA2030

TDA2030 是一种单声道 AB 类集成音频功率放大器，具有外围电路设计简单、谐波失真和交越失真小等优点。其芯片内部设有过流保护和过热保护电路，提供对芯片外部引脚之间的短路保护功能，以保证芯片内部功率输出管工作在安全工作区。

图 6.16 所示为两种采用 5 脚直插封装的 TDA2030 引脚封装，其中 1 脚是同相输入端，2 脚是反相输入端，3 脚接负电源，4 脚是输出端，5 脚接正电源。

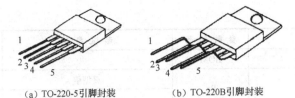

（a）TO-220-5引脚封装　　　　（b）TO-220B引脚封装

图 6.16　TDA2030 引脚封装

表 6.2 所示为集成功率放大器 TDA2030A 的主要技术参数。

表 6.2　集成功率放大器 TDA2030A 的主要技术参数（测试条件：$V_{CC}=\pm16V$，$T_A=25°C$）

参 数 名 称	参 数 符 号	测 试 条 件	参 数 值	单 位
供电电压	V_{CC}		$\pm6\sim\pm22$	V
输入偏置电流（最大值）	I_{IB}	$V_{CC}=\pm22V$	2	μA
输入失调电压（最大值）	V_{IO}	$V_{CC}=\pm22V$	±20	mV
功率带宽	B_{OM}	$P_O=15W$，$R_L=4$	100	kHz
输出功率（典型值）	P_o	$V_{CC}=\pm19V$，$R_L=8\Omega$	12	W
峰值输出电流	I_{omax}	最大限制电流	3.5	A
静态工作电流	I_D	$V_{CC}=\pm18V$，$P_o=0W$	50	mA
压摆率	SR		8	V/μs
开环电压增益	A_{vo}		80	dB
闭环电压增益	A_v		26	dB

（3）集成功率放大器 LM1875

LM1875 是一种单声道集成功率放大器，具有外围电路设计简单、谐波失真小等优点，其芯片内部设有电流限制和过热自锁等过载保护功能。

图 6.17 所示为采用 5 脚直插封装的 LM1875 引脚封装，其中 1 脚是同相输入端，2 脚是反相输入端，3 脚接负电源，4 脚是输出端，5 脚接正电源。其引脚封装与 TDA2030 的 TO-220B 引脚封装兼容。

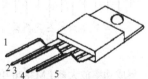

图 6.17　集成功率放大器 LM1875 引脚封装

表 6.3 所示为集成功率放大器 LM1875 的主要技术参数。

表 6.3　集成功率放大器 LM1875 的主要技术参数

（测试条件：$V_{CC}=\pm25V$，$T_A=25°C$，$R_L=8\Omega$，$A_V=20/26dB$，$f_o=1kHz$）

参 数 名 称	参 数 符 号	测 试 条 件	参 数 值	单 位
供电电压	VCC		$\pm8\sim\pm30$	V
输入偏置电流（最大值）	IIB		2	μA
输入失调电压（最大值）	VIO		±15	mV
增益带宽	GBW	$f_o=20kHz$	5.5	MHz

续表

参 数 名 称	参 数 符 号	测 试 条 件	参 数 值	单 位
功率带宽	BOM		70	kHz
输出功率	Po	典型值	25	W
		$V_{CC}=\pm25V$，$R_L=4\Omega$ 或 8Ω	20	W
峰值输出电流	Iomax	最大限制电流	4	A
峰值输出功率	Pomax	$V_{CC}=\pm30V$，$R_L=8\Omega$，$I_{omax}=4A$	30	W
静态工作电流	ID	$P_o=0W$	70	mA
压摆率	SR		8	V/μs

（4）集成功率放大器 LM3886

LM3886 是一款大功率集成功率放大器，具有输出功率大、失真小、噪声低、保护功能全等优点。LM3886 的专利保护技术包括：内部设有输出超范围保护、过载保护、电源短路保护、防止功率管热击穿的瞬态超高温自锁保护等。另外，LM3886 还设有输入静音功能。LM3886 因外围器件少、电路设计制作简单、调试相对容易、工作稳定可靠等优点，在音响制作行业得到了广泛应用。

图 6.18 所示为集成功率放大器 LM3886 引脚封装。该芯片采用了 11 脚直插封装，其中 1 脚和 5 脚接正电源，2、6、11 脚为空引脚，3 脚是输出端，4 脚接负电源，7 脚接参考地，8 脚为输入静音控制引脚，9 脚是反相输入端，10 脚是同相输入端。

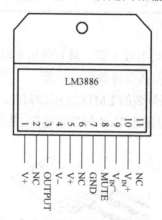

图 6.18　集成功率放大器 LM3886 引脚封装

表 6.4 所示为集成功率放大器 LM3886 的主要技术参数。

表 6.4　集成功率放大器 LM3886 的主要技术参数

（测试条件：$V=\pm28V$，$I_{MUTE}=0.5mA$，$R_L=4\Omega$，$T_A=25℃$）

参 数 名 称	参 数 符 号	测 试 条 件	参 数 值	单 位
供电电压	VCC		±10～±42	V
输入偏置电流（最大值）	IIB	$V_{CC}=\pm22V$	1	μA
输入失调电压（最大值）	VIO	$V_{CC}=\pm22V$	±10	mV
增益带宽	GBW	$V_S=\pm30V$，$f_O=100kHz$，$V_{IN}=50mV_{rms}$	8	MHz
功率带宽	BOM	$P_O=15W$，$R_L=4\Omega$	100	kHz

续表

参 数 名 称	参 数 符 号	测 试 条 件	参 数 值	单 位
输出功率	Po	$V_S=\pm28V$，$R_L=4\Omega$	68	W
		$V_S=\pm28V$，$R_L=8\Omega$	38	W
		$V_S=\pm35V$，$R_L=8\Omega$	50	W
峰值输出电流	Iomax	最大限制电流	11.5	A
峰值输出功率	Pomax	$I_{omax}=11.5A$	135	W
静态工作电流	ID	$P_o=0W$	50	mA
压摆率	SR		19	V/μs
开环电压增益	Avo	$V_S=\pm28V$，$R_L=2k\Omega$	115	dB
闭环电压增益	Av		26	dB

（5）集成功率放大器 TPA1517

TPA1517 是一款新型立体声音频功率放大器，芯片内部设有两个独立的放大通道，设计有静音工作模式和省电待机（Standby）工作模式，两种工作模式由同一个引脚设置。

TPA1517 用专利技术将芯片设计成 20 个引脚的热增强型表面贴装结构，这样可以有效地减小印制电路板的布板面积，并方便用自动化技术进行装配。

TPA1517 具有优异的热特性，并提供 20 个引脚的 DIP 封装结构，不需要使用散热器，被广泛应用于家用音响、电视音响、汽车音响、多媒体音响、计算机音响等应用中。

图 6.19 所示为集成功率放大器 TPA1517NE 引脚封装。其中 8 脚是静音/待机模式设置引脚，可以通过增加外围器件使 TPA1517NE 工作在静音模式或待机模式。TPA1517NE 在待机模式下的静态工作电流很小。当打开电源时，先将功放设置成待机模式，开机延迟数秒后再使其正常工作；在关闭电源前，应先将功放设置成待机模式，这样就可以保证在开/关电源时，功放不发出"砰"的声响。

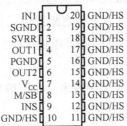

图 6.19 集成功率放大器 TPA1517NE 引脚封装

表 6.5 所示为集成功率放大器 TPA1517NE 的引脚描述。

表 6.5 集成功率放大器 TPA1517NE 的引脚描述

引 脚 名 称	引 脚 标 号	I/O 状态	引 脚 描 述
IN1	1	I	通道 1 音频反相输入端
SGND	2	I	输入信号参考地
SVRR	3		电源噪声纹波旁路引脚
OUT1	4	O	通道 1 音频输出端
PGND	5		电源参考地
OUT2	6	O	通道 2 音频输出端

续表

引 脚 名 称	引 脚 标 号	I/O 状态	引 脚 描 述
V_{CC}	7	I	供电电压输入端
M/SB	8	I	静音/待机模式设置引脚，待机模式@$V_8 \leq 2V$；静音模式@$3.5V \leq V_8 \leq 8.2V$；正常模式@$V_8 \geq 9.3V$
IN2	9	I	通道 2 音频反相输入端
GND/HS	10～20		参考地/散热端

表 6.6 所示为集成功率放大器 TPA1517NE 的主要技术参数。

表 6.6　集成功率放大器 TPA1517NE 的主要技术参数

（测试条件：V_{CC}=12V，R_L=4Ω，f=1kHz，T_A=25℃）

参 数 名 称	参 数 符 号	测 试 条 件	参 数 值	单　　位
供电电压	V_{CC}		9.5～18	V
输出功率	P_o（每个通道）	R_L=4Ω，THD+N=0.5%	3	W
		R_L=4Ω，THD+N=1%	5	
		R_L=4Ω，THD+N=10%	6	
最大峰值输出电流	I_{omax}		4	A
连续峰值输出电流	I_o		2.5	A
静态工作电流	I_D	P_o=0W	45	mA
最大工作电流	$I_{CC(SB)}$	待机模式下	100	μA
闭环电压增益	A_v	每个通道	20	dB
静音输出电压	$V_{O(M)}$	V_i=1V（max）	2	mV
直流输出电压	$V_{O(DC)}$	6V<V_{CC}<18V 时，约等于 $\frac{V_{CC}}{2}$	6	V

（6）集成功率放大器 TPA3125

TPA3125 是一款 D 类立体声集成功率放大器，通过控制引脚，可将其设置为立体声或单声道两种工作模式。立体声工作模式下需单端配置输入信号，单声道工作模式下需采用桥式负载方式配置输入信号。通过两个外部引脚可以将 TPA3125 的电压增益设置成 20dB、26dB、32dB 和 36dB 这 4 种不同模式。

TDA3125 采用了专利电压开启和关闭技术，在不增加外部器件的条件下，很好地抑制了在开/关机时音箱发出的噪声。

TDA3125 采用了专利散热技术，不需要加外部散热器就可以正常工作。并且双列直插的芯片封装结构保证了可以将印制电路板设计成单面板结构，降低了生产成本。

图 6.20 所示为集成功率放大器 TPA3125D 引脚封装图。

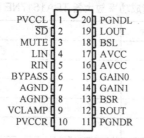

图 6.20　集成功率放大器 TPA3125D 引脚封装

表 6.7 所示为集成功率放大器 TPA3125D 的引脚描述。

表 6.7　集成功率放大器 TPA3125D 的引脚描述

引脚名称	引脚标号	I/O 状态	引脚描述
PVCCL	1		左通道电源端
$\overline{SD}$	2	I	功放关机控制端（高电平工作/低电平禁止），TTL 逻辑电平与 A_{vcc} 兼容
MUTE	3	I	静音设置引脚（高电平静音/低电平正常），TTL 逻辑电平与 A_{vcc} 兼容
LIN	4	I	左声道音频输入端
RIN	5	I	左声道音频输入端
BYPASS	6	O	参考电压输出端，通常=A_{vcc}/8，外接不同电容可以设置开机时间
AGND	7、8		模拟地
VCLAMP	9		内部自举电压输出端，需要对地接旁路电容
PVCCR	10		右声道电源端
PGNDR	11		右声道参考地
ROUT	12	O	右声道反相输出
BSR	13	I	右声道自举电压输入端
GAIN1	14	I	增益设置高位引脚，TTL 逻辑电平与 A_{vcc} 兼容
GAIN0	15	I	增益设置低位引脚，TTL 逻辑电平与 A_{vcc} 兼容
AVCC	16，17		高电源电压供电端，内部没有与 P_{VCCR} 或 P_{VCCL} 相连
BSL	18	I	左声道自举电压输入端
LOUT	19	O	左声道同相输出
PGNDL	20		左声道参考地

表 6.8 所示为集成功率放大器 TPA3125D 的主要技术参数。

表 6.8　集成功率放大器 TPA3125D 的主要技术参数（测试条件：室温）

参数名称	参数符号	测试条件	参数值	单位
供电电压	A_{vcc}，P_{vcc}		˜0.3～30	V
逻辑输入电压	SD/,MUTE,GAIN0,GAIN1		˜0.3～V_{CC}+0.3	V
高电平输入电压	V_{IH}（最低）	SD/,MUTE,GAIN0,GAIN1	2	V
低电平输入电压	V_{IL}（最高）	SD/,MUTE,GAIN0,GAIN1	0.8	V
模拟输入电压	R_{IN}，L_{IN}		˜0.3～7	V
输出功率（立体声）	P_o（每个通道）	R_L=8Ω，V_{CC}=24V	10	W
输出功率（单声道）	P_o（每个通道）	R_L=8Ω，V_{CC}=24V	20	W
输出带载最小阻抗	Z_L	立体声输出模式	3.2	Ω
		单声道输出模式	6	
静态功耗		T_A≤25℃，15mW/℃	1.87	W
最大输出峰值电流	I_{omax}		4	A
连续输出峰值电流	I_o		2.5	A
静态工作电流	I_D	P_o=0W	45	mA

2. 设计举例

功率放大电路种类繁多，实现方法多样。本实验以集成功率放大器 TDA2030A 为例，介绍 TDA2030A 在双电源供电方式下的典型应用电路，如图 6.21 所示。

在图 6.21 中，电阻 R_1、R_2 是增益调节电阻，主要用于调节功率放大器的放大能力。在选取电阻 R_1、R_2 的阻值时，应参考生产厂家提供的产品数据手册。

电容 C_1 是隔直电容，其容值应根据系统的下限截止频率和电路响应时间确定。

电容 C_8 是输入耦合电容，其容值应根据待处理信号的频率范围和功率放大器的输入阻抗来计算得到。

电阻 R_3 是静态平衡电阻，其电阻值可以根据静态平衡原则计算得到。

电容 C_2、C_3 和 C_6、C_7 是滤波电容，主要用于滤除电源中的低频噪声和高频噪声，其容值应根据电路噪声的具体情况确定。

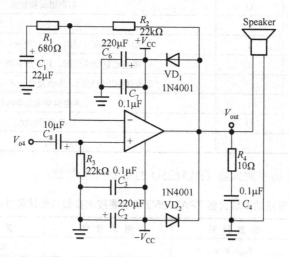

图 6.21 功率放大器 TDA2030A 双电源供电典型应用电路

在用 TDA2030A 设计功率放大电路时，应考虑在 TDA2030A 的输出端加保护电路，以防止因功率放大器瞬间输出高压脉冲而损坏器件。

在图 6.21 中，二极管 VD_1、VD_2 是过压保护用二极管。当电路正常工作时，二极管 VD_1、VD_2 不起作用，相当于开路。当功率放大器的输出端有较强的正脉冲出现时，二极管 VD_1 导通；当功放的输出端有较强的负脉冲出现时，二极管 VD_2 导通。总之，在功率放大器的输出端有高压脉冲出现时，二极管 VD_1、VD_2 可以将输出电压钳位到功率放大器允许的输出范围内，以达到保护功率放大器 TDA2030A 的目的。

在面包板上调试实验电路时，因功率二极管的引脚较粗，不易插接，并且在实验调试过程中，二极管 VD_1、VD_2 的保护作用并不明显，因此，在实验室条件下，如果是在面包板上调试用 TDA2030A 设计的功率放大电路，那么二极管 VD_1、VD_2 可以不接。

在图 6.21 中，TDA2030A 的输出端设计有由电阻 R_4 和电容 C_4 组成的去耦电路，该电路可以减小因寄生电感等引起高频自激振荡的概率，实验时，该部分电路不能省略。

3．电路测试

搭接功率放大电路，检查电路连接，测试正负电源对地的阻抗，测试功率放大电路的直流输入阻抗，无误后方可上电。

接通电源的瞬间，注意观察电路有无异常现象，同时用手轻触功率放大器的散热部件。如感觉散热部件开始发热且温度上升迅速，应立即切断电源，找出功率放大器发热的原因，待故障排除后，方可重新接通电源进行测试。

将各单元电路级联，保持音调调整电路中两个电位器 R_{p1} 和 R_{p2} 的可调端在中点位置，调节音量控制电路中的音量控制旋钮（电位器 R_{p3}）的可调端。

将示波器设定为频率 1kHz 的正弦波，用示波器观察系统电路输入、输出波形的变化，比较输入波形和输出波形的频率是否一致。如果发现输出波形的频率与函数发生器设定好的输出信号频率不一致，特别是当发现功率放大器输出信号的频率是 MHz 级的高频波时，该输出信号极有可能是自激振荡波形。

如果确定功率放大器的输出波形是自激振荡波形，则应立即切断电源，检查并简化电路连接，调整电路中不合理的布局、布线。注意检查电路连接是否交叉导线过多，是否使用的长导线过多，电源有无正确隔离等，待故障排除后，方可重新进行测试。

当在功率放大器的输出端可以测到一个与函数发生器设定好的输出信号同种类、同频率的输出波形时，方可采用实验室提供的功率电阻测试功率放大电路的输出功率。

在图 6.21 中，用功率电阻代替音箱负载，连接功率电阻。

调节音量控制电路中电位器 R_{p3} 可调端的位置至功率放大电路输出电压信号达到最大不失真状态。在调试过程中，当功率放大电路的输出功率增大到一定值时，功率电阻会发热，并且输出功率越大，功率电阻越热。因此，在调试过程中，不要用手直接碰触发热的功率电阻，以免烫伤。

当用输出电压有效值 V_o 和输出电流有效值 I_o 的乘积来表示输出功率时，应为

$$P_o = V_o \cdot I_o = \frac{V_{om}}{\sqrt{2}} \cdot \frac{V_{om}}{\sqrt{2}R_L} = \frac{1}{2} \cdot \frac{V_{om}^2}{R_L}$$

式中，V_{om} 是输出电压的峰值，R_L 是负载电阻值。

额定输出功率与电路的供电电压 V_{CC} 及负载电阻值 R_L 有关。理想条件下，功率放大电路的额定输出功率应为

$$P_{om} = \frac{1}{2} \cdot \frac{V_{om}^2}{R_L} \approx \frac{1}{2} \cdot \frac{V_{CC}^2}{R_L}$$

例如，当供电电压为 ±12V 时，对于 8Ω 的负载电阻，计算得理想额定输出功率为 9W。

正常工作时，功率放大电路需要消耗一部分能量，因此，实际应用中的功率放大电路，

其额定输出功率不可能达到理想值。

实际测试时，功率放大电路的输出功率 P_o 可以用下式计算得到

$$P_o = V_o \cdot I_o = V_o \cdot \frac{V_o}{R_L} = \frac{V_o^2}{R_L}$$

式中，V_o 是输出电压实测有效值，R_L 是负载电阻实测值。

功率放大电路的转换效率可以通过实验的方法，用下式计算得到

$$\eta = \frac{P_o}{P_v} \times 100\%$$

式中，P_o 是功率放大电路的输出功率；P_v 是电路所消耗的总功率，其值可以用功率放大电路的供电电压 V_{CC} 和供电电源的平均电流 I_{CC} 计算得到，即

$$P_v = V_{CC} \cdot I_{CC}$$

在某些电源上，供电电源的平均电流 I_{CC} 在电源表头上可以直接显示出来，如 GPS-2303C 型直流稳压电源上有红色 LED 电流表头。供电电源的平均电流 I_{CC} 也可以用万用表或电流表直接测得。供电电源的平均电流 I_{CC} 是整个电路系统的工作电流，用该电流计算得到的功率也是整个电路系统所消耗的总功率，其中包含前级小信号电路所消耗的功率，因此，通过这种方法计算得到的转换效率比实际转换效率略低一些。

为了能够得到更加准确的功率放大电路转换效率，在测试供电电源的平均电流 I_{CC} 时，可以将前级小信号电路与功率放大电路断开，直接将函数发生器的输出信号提供给功率放大电路的输入端，然后用上述方法测试功率放大电路单独工作时供电电源的平均电流 I_{CC}。用这种方法得到的是功率放大电路单独工作时所消耗的总功率 P_v，因此，通过这种测试方法计算得到的转换效率相对准确。

将前面已经断开的前级小信号电路与功率放大电路重新级联。改变音量控制电路中电位器 R_{p3} 可调端的位置，使功率放大电路的输出电压有效值在 600mV 左右。

在调试过程中，应注意用示波器观测系统电路输入、输出波形的变化，必须始终保证系统电路输入、输出波形的类型和频率保持一致。

在功率放大器的输出端接上音箱；在前置混合放大电路的输入端 V_{i2} 上接入 CD 播放机的输出信号；在语音放大电路的输入端 V_{i1} 上连接话筒。

打开供电电源，用音箱、CD 播放机和话筒对实验电路进行实际效果测试。

在试音过程中，应分别改变音调调整电路中音调调节电位器 R_{p1} 和 R_{p2} 可调端的位置、音量控制电路中音量调节电位器 R_{p3} 可调端的位置，用示波器观察功率放大器输出波形的变化，了解音频信号的组成。

6.4.6　电源电路

可以不要求学生单独设计音响系统的电源电路，实验时，可以直接使用实验室提供的直流稳压电源。但实验室提供的直流稳压电源是对 220V/50Hz 市政交流电进行整流、滤波、稳

压后得到的，直流电源含有 50Hz 电源噪声和其他噪声，应注意对电源噪声进行处理。通常需要对直流稳压电源输出的电压源按图 6.22 处理后，再送给音响系统供电。

在图 6.22 所示的电源去耦滤波电路中，对正、负电源分别做滤波处理后给功率放大电路供电。然后还需对该电源做去耦、滤波处理后，才能给前级小信号电路使用，否则功率放大电路的电源噪声会对前级小信号处理电路带来较大干扰；并且干扰随着信号一起放大并传递给功率放大电路，从而形成死循环，引起功率放大电路的自激振荡。

在图 6.22 所示的电源去耦滤波电路中，C_2、C_4、C_6、C_8 应选用几十微法至几百微法的铝电解电容，C_1、C_3、C_5、C_7 应选用几百皮法至几万皮法的瓷片电容或独石电容。具体选用的电容值可以根据噪声情况确定，也可以通过实验的方法观测得到。使用不同电容值的电容器进行滤波的目的是分别滤除电源中的高频噪声和低频噪声。

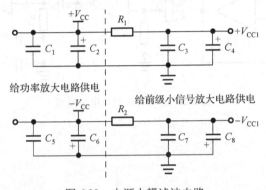

图 6.22　电源去耦滤波电路

在图 6.22 所示的电源去耦滤波电路中，电阻 R_1、R_2 的电阻值应根据以下原则确定：

（1）应保证接入去耦电阻 R_1、R_2 后，不会对电路系统的正常供电产生影响；

（2）不会因为增加了去耦电阻 R_1、R_2，使电路系统的热损耗有明显增大；

（3）本实验建议 R_1、R_2 选用几十欧姆到几百欧姆的小电阻。

正常供电时，根据前级小信号放大电路的工作电流不同，电阻 R_1、R_2 上会有一定的压降，由于前级小信号放大电路的工作电流较小，因此该压降较低，不会影响整个电路系统的正常供电。但如果实验中将供电电路接反，即直流电源先给前级小信号放大电路供电，经去耦、滤波后再给功率放大电路供电，则会因功率放大电路的工作电流较大而使去耦电阻 R_1、R_2 上有较高的压降，从而可能导致：

（1）功率放大电路供电电压不够；

（2）去耦电阻 R_1、R_2 发热，严重时会烧毁电阻。

6.4.7　音响系统设计电路原理图

图 6.23 所示为音响系统设计电路原理。搭接实验电路时，应首先做好电源电路设计，特别是前级小信号供电电源的去耦、滤波处理，确定驻极体话筒的偏置电压等。

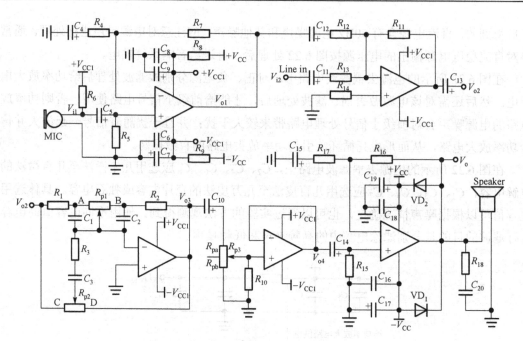

图 6.23　音响系统设计电路原理

第7章　基于 555 芯片的电子系统设计

555 芯片诞生于 1971 年，是非常经典的模数混合集成电路芯片，可用于定时延时电路、脉冲产生电路及多种控制电路中，有"万能芯片"的称号。其结构简单，应用广泛，性能可靠，易产易用，如今仍被广泛地应用于数千种电子电路的设计中。基于 555 芯片的实验教学案例能够有效地锻炼学生综合运用模拟电路、数字电路基础知识解决实际工程问题的能力。

7.1　设计要求及注意事项

7.1.1　设计要求

（1）使用 555 芯片设计一个实用的电子电路。可在本章的设计举例的基础上进行设计，也可自由选题。

（2）根据设计指标和设计要求，详细分析各单元电路的设计过程，逐级设计各单元电路，画出单元电路原理图，分析主要元器件的选择依据。

（3）设计各单元电路的实现、调试、测试方案和实验数据记录表格，完成单元电路测试，分析各单元电路的测试数据和输入、输出波形等是否满足设计要求。

（4）根据前面的设计与分析画出系统设计框图或系统设计流程图。

（5）根据系统设计框图逐级级联各单元电路，每增加一级电路，必须先测试并检验级联后的电路是否满足设计要求。如果级联后的电路可以满足设计要求，方可继续级联下一级电路；如果级联后的电路不能满足设计要求，则必须先定位问题所在点，完成纠错后，方可继续级联下一级电路。否则，一旦系统电路出现故障，就很难排查。

（6）设计系统电路的测试方案和实验数据记录表格，测试系统电路的实验数据和波形，详细分析系统电路的测试数据和波形是否满足设计要求。

（7）用电路仿真设计软件（如 Multisim、Proteus 等）仿真设计电路，将仿真结果与实验结果进行对比分析，说明实验电路有哪些不足，需要怎样改进。

（8）详细分析在电路设计过程中遇到的问题，总结并分享电路设计经验。

7.1.2　注意事项

（1）不同规格和型号的 555 芯片有不同的参数，使用前应先查阅产品数据手册，然后按需求进行选择。

（2）注意区分芯片的引脚标号。以 NE555 为例，引脚向下将芯片放置在实验台上，将半圆形缺口朝上，此时左上角第一个引脚为 1 脚，按逆时针顺序排列依次为 1～8 脚。

（3）使用时注意查阅芯片引脚图，以 NE555 为例，1 脚接地，8 脚接 V_{CC}，千万不要接反，否则可能导致器件被烧毁，甚至威胁人身安全。

（4）搭接实验电路前，应先切断电源，对系统电路进行合理的布局。布局布线应遵循"走线最短"原则，带电作业容易损坏电子元器件并引起电路故障。

（5）搭接实验电路时，应尽量坚持少用导线、用短导线，盲目使用导线会引入不必要的寄生参量，使实际设计出来的电路参数发生偏离，并增大电路出错的概率。

（6）电路搭接完成后，不要急于通电，应仔细检查元器件引脚有无接错，测量电源与地之间的阻抗。如果发现存在阻抗过小等问题，应及时纠错后方可通电。

（7）接通电源时，应注意观察电路有无异常现象，如元器件发热、异味、冒烟等。如果发现有异常现象出现，应立即切断电源，待故障排除后方可通电。

7.2　555 芯片内部结构及工作模式

555 芯片根据生产厂家的不同有众多型号，如 NE555、LM555 等。除 TTL 型外，也有 CMOS 型，如 ICM7555 等。根据内部集成单元的数量不同，又分为 556 双时基型、558 四时基型等。虽然不同型号和类型的 555 芯片的内部结构略有不同，但工作原理大致相同。以实验室常用的 NE555 芯片为例，其引脚图和内部结构如图 7.1 和图 7.2 所示。

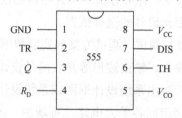

图 7.1　NE555 引脚图

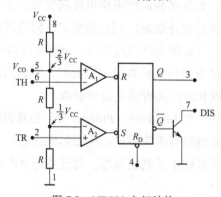

图 7.2　NE555 内部结构

7.2.1　内部组成

NE555 芯片由一个分压单元（由 3 个 5kΩ 电阻组成）、两个电压比较器、一个 R-S 触发器、一个输出单元和一个放电单元组成。图 7.2 中将实际电路做了简化处理，在不改变芯片工作原理的前提下，能够更简单直观地进行分析。

NE555 芯片共有 8 个引脚，分别如下。

1 脚：接地端。通常连接到电路中的地（零电位点）。

2 脚：触发端。该输入端的电压将与 $\frac{1}{3} V_{CC}$（触发参考电压）进行比较，电压比较器将比较结果送入 R-S 触发器。

3 脚：输出端。在电路图及工作模式分析中，输出由 Q 表示。

4 脚：复位端。低电平有效，即在该引脚输入一个低电平（逻辑 0）时，输出 Q 将被复位为低电平（逻辑 0）。

5 脚：控制端。这个引脚可接入外部电压来改变电路的参考电压。若该引脚输入电压为 V_{CO}，则触发参考电压变为 $\frac{1}{2} V_{CO}$，阈值参考电压变为 V_{CO}。

6 脚：阈值端。该输入端的电压将与 $\frac{2}{3} V_{CC}$（阈值参考电压）进行比较。电压比较器将比较结果送入 R-S 触发器。

7 脚：放电端。当 Q 为低电平时，7 脚对地导通；当 Q 为高电平时，7 脚对地截止。

8 脚：正电源电压端。供电电压 V_{CC} 通常为 4.5～16V。

7.2.2　工作原理

电压比较器 A_1 和 A_2 的功能是比较两个输入端电压的大小：当"+"端电压大于"−"端电压时，输出高电平（逻辑 1）；当"−"端电压大于"+"端电压时，输出低电平（逻辑 0）。其原理可以理解为放大倍数为"无穷大"的运算放大器。

R-S 触发器的逻辑功能表如表 7.1 所示。两个输入端 R（Reset 置零端）和 S（Set 置位端）都是低电平有效。当 $R=0$，$S=1$ 时，输出 $Q=0$，$\bar{Q}=1$；当 $R=1$，$S=0$ 时，输出 $Q=1$，$\bar{Q}=0$；当 $R=S=1$ 时，输出 Q 和 $\bar{Q}$ 都保持不变；当 $R=S=0$ 时，触发器输出状态不确定，这种情况是不允许出现的。此外，触发器还加入了一个 R_D 端（4 脚），也是低电平有效。当 $R_D=0$ 时，无论 R 和 S 输入什么信号，也无论触发器处于什么状态，Q 都将被立即复位为 0，因此 4 脚被称为复位端。

表 7.1　R-S 触发器的逻辑功能表

输　　入			输　　出	
R	S	R_D	Q	$\bar{Q}$
0	1	1	0	1
1	0	1	1	0
1	1	1	保持	保持
0	0	1	不确定	不确定
×	×	0	0	1

分压单元包含三个 5kΩ 的电阻，这三个等值电阻将电源电压 V_{CC} 分压为 $\frac{1}{3} V_{CC}$ 和 $\frac{2}{3} V_{CC}$。其中 $\frac{1}{3} V_{CC}$ 接入 A_2 的"−"端，作为触发参考电压；$\frac{2}{3} V_{CC}$ 接入 A_1 的"+"端，作为阈值参考电压。

放电单元由一只三极管组成，三极管的基极接 R-S 触发器的输出端 $\bar{Q}$，发射极接地，集电极为放电端 DIS（7 脚）。当 $\bar{Q}=1$ 时，三极管的基极为高电平，此时三极管处于导通状态；当 $\bar{Q}=0$ 时，三极管的基极为低电平，三极管处于截止状态。7 脚通常与电路的外接电容有关，可通过三极管的不同状态控制电容充放电，因此 7 脚被称为放电端。

接下来分析 NE555 芯片的工作原理（如表 7.2 所示）。

表7.2　NE555 芯片功能表

输　　入			输　　出	
触发 TR（2）	阈值 TH（6）	复位 R_D（4）	Q（3）	放电 DIS（7）
×	×	0	0	导通
$> \frac{1}{3}V_{CC}$	$> \frac{2}{3}V_{CC}$	1	0	导通
$< \frac{1}{3}V_{CC}$	$< \frac{2}{3}V_{CC}$	1	1	截止
$> \frac{1}{3}V_{CC}$	$< \frac{2}{3}V_{CC}$	1	保持	保持

当 2 脚输入的触发电压 V_{TR} 大于 $\frac{1}{3}V_{CC}$，并且 6 脚输入的阈值电压 V_{TH} 大于 $\frac{2}{3}V_{CC}$ 时，电压比较器 A₁ 和 A₂ 的输出分别为 0 和 1。因此，触发器输入端 $R=0$，$S=1$，输出 $Q=0$，$\bar{Q}=1$，7 脚对地导通。

当 2 脚输入的触发电压 V_{TR} 小于 $\frac{1}{3}V_{CC}$，并且 6 脚输入的阈值电压 V_{TH} 小于 $\frac{2}{3}V_{CC}$ 时，电压比较器 A₁ 和 A₂ 的输出分别为 1 和 0。因此，触发器输入端 $R=1$，$S=0$，输出 $Q=1$，$\bar{Q}=0$，7 脚对地截止。

当 2 脚输入的触发电压 V_{TR} 大于 $\frac{1}{3}V_{CC}$，并且 6 脚输入的阈值电压 V_{TH} 小于 $\frac{2}{3}V_{CC}$ 时，电压比较器 A₁ 和 A₂ 的输出均为 1。因此，触发器输入端 $R=S=1$，输出保持不变。

7.2.3　工作模式

NE555 芯片有三种基本工作模式。

1. 双稳态模式

将芯片的 2 脚与 6 脚短接，输入电压 V_i，就构成了施密特触发器，也是 555 芯片较常用的双稳态模式，电路如图 7.3（a）所示。4 脚接正电压确保芯片不会被复位，5 脚接电容可以防止参考端对电路产生干扰，在实验室中可选择 0.01μF 的电容。

假设给定一个输入电压 V_i 如图 7.3（b）所示，分析电路的工作过程如下：开始时 $V_i=0$，此时 2 脚和 6 脚的电压均小于其参考电压，3 脚输出 $Q=1$；当 V_i 逐渐增大至 $\frac{1}{3}V_{CC}$ 时，2 脚触发电压 $V_{TR}>\frac{1}{3}V_{CC}$，6 脚阈值电压 $V_{TH}<\frac{2}{3}V_{CC}$，输出保持，仍为高电平；当 V_i 继续增大至超过 $\frac{2}{3}V_{CC}$ 时，2 脚和 6 脚的电压均大于其参考电压，3 脚输出 Q 翻转为 0；当 V_i 逐渐减小至 $\frac{2}{3}V_{CC}$ 时，输出保持，仍为低电平；当 V_i 继续减小至 $\frac{1}{3}V_{CC}$ 时，3 脚输出 Q 翻转为 1。

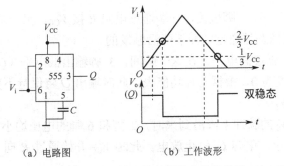

（a）电路图　　　　　（b）工作波形

图 7.3　NE555 芯片构成的施密特触发器

　　该模式的特点是：电路存在两个稳定状态，分别由两个外部触发信号进行控制。在某一稳定状态被触发期间，相应的触发信号必须保持，不能被撤除。在实际应用中，经常被用于开关电路、波形整形电路等。

2. 单稳态模式

　　555 芯片构成的单稳态电路主要分为开关式和脉冲式，区别是暂稳态由外部开关触发还是由外接脉冲触发，电路分别如图 7.4（a）和图 7.4（b）所示。下面分别分析两种电路的结构和工作过程。

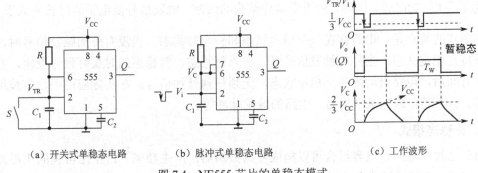

（a）开关式单稳态电路　　　（b）脉冲式单稳态电路　　　（c）工作波形

图 7.4　NE555 芯片的单稳态模式

　　开关式单稳态电路：2、6 脚短接，一端通过电阻 R 接 V_{CC}，另一端通过电容 C_1 接地，同时在 C_1 两端并联一个开关 S。这个开关并不限于机械开关、按钮等，也可使用晶体管开关等其他能起到开关作用的结构。电容 C_2 的作用与双稳态模式中的一样，可以阻止参考端对电路产生干扰。

　　当电路通电后，电容 C_1 上的初始电压为 0，此时输出 $Q=1$。V_{CC} 通过 R 向 C_1 充电，V_{TR} 逐渐升高直至 $\frac{2}{3}V_{CC}$，3 脚输出翻转，$Q=0$。此后 V_{TR} 将始终大于 $\frac{2}{3}V_{CC}$，3 脚持续输出低电平，电路进入稳态。如果没有外部触发信号，电路将一直保持在此状态。

　　当开关 S 闭合后，V_{TR} 迅速降至零，3 脚输出翻转，$Q=1$，C_1 开始充电；当 S 复位后，C_1 继续其充电过程，V_{TR} 逐渐升高至 $\frac{2}{3}V_{CC}$，3 脚输出翻转，$Q=0$，电路回到稳态。暂稳态的持续时间即为 3 脚输出高电平的时间，用 T_W 表示。通过计算可得：

$$T_W \approx 1.1RC_1$$

脉冲式单稳态电路：6、7 脚短接，一端通过电阻 R 接 V_{CC}，另一端通过电容 C_1 接地，从 2 脚接入脉冲信号，暂稳态是通过脉冲下降沿触发的。

当电路通电时，2 脚接高电平，在这一瞬间，3 脚输出低电平（$Q=0$），7 脚导通，电容 C_1 持续对地放电，V_C 变为 0，根据芯片功能表，此时输出 Q 将保持不变，因此 3 脚持续输出低电平，电路进入稳态。

当 2 脚输入电压 V_i 的脉冲下降沿到来时，2 脚和 6 脚的电压均小于其参考电压，3 脚输出翻转，$Q=1$，7 脚截止，电容 C_1 停止放电。此时 V_{CC} 开始通过 R 向 C_1 充电，当 V_C 逐渐升高直至 $\frac{2}{3}V_{CC}$ 时，V_i 已经回到高电平，3 脚输出翻转，$Q=0$，电路回到稳态，电容 C_1 对地放电，V_C 减小为 0。暂稳态的持续时间 T_W 即为 3 脚输出高电平的时间，$T_W \approx 1.1RC_1$，开关式和脉冲式单稳态电路的暂稳态时长相同。

需要注意的是，在脉冲式单稳态电路进入暂稳态后，V_C 由 0 开始逐渐升高，在达到 $\frac{2}{3}V_{CC}$ 之前，无论 2 脚输入的是高电平（此时输出保持）还是低电平（此时输出高电平），3 脚的输出都将维持在高电平（$Q=1$）。因此，对于脉冲式单稳态电路，在暂稳态时间结束前再次输入触发信号，电路将不再响应。

无论是开关式单稳态电路还是脉冲式单稳态电路，触发信号低电平的时长都要小于电容 C_1 充电至 $\frac{2}{3}V_{CC}$ 的时长。同时，由于受器件结构的限制，触发信号低电平的时长应大于 10μs。单稳态模式的特点是：电路存在一个稳定状态和一个暂稳态，当没有外加触发信号时，电路始终维持在稳定状态；当外加触发信号时，进入暂稳态，暂稳态的时长可预先设定，当到达设定的时间后，电路自动恢复至稳定状态，无须任何外加信号。在实际应用中，常被用作定时开关、分频器，或用来产生另一电路的触发脉冲等。

3. 无稳态模式

555 芯片与电阻、电容组合可以构成多谐振荡器，产生频率、占空比可调的矩形波，用途十分广泛。直接反馈式多谐振荡器的电路如图 7.5（a）所示。2 脚与 6 脚短接，输入电压为 V_i，此时触发电压与阈值电压相等。电阻 R 一端接 3 脚（输出端），另一端接 2、6 脚；电容 C_1 一端接地，另一端接 2、6 脚。5 脚所接电容 C_2 的作用是消除参考端的干扰。

刚接通电源时，电容 C_1 尚未充电，此时 $V_i=0$，根据芯片的工作原理，$Q=1$，3 脚输出高电平，这一高电平通过 R 向 C_1 充电，C_1 上的充电电压 V_i 随时间逐渐升高。当 V_i 大于 $\frac{1}{3}V_{CC}$ 但小于 $\frac{2}{3}V_{CC}$ 时，芯片的输出保持，电容 C_1 继续充电，V_i 继续升高。当 V_i 达到 $\frac{2}{3}V_{CC}$ 时，输出翻转为 0，电容 C_1 开始放电，V_i 降低。当 V_i 降低至 $\frac{1}{3}V_{CC}$ 时，输出翻转为高电平，电容 C_1 又开始充电，进入下一个充放电周期。上述充放电过程一直重复，电路输出一个矩形波。V_i 和 Q 随时间变化的波形如图 7.5（b）所示。

振荡电路输出矩形波的周期 T 与频率 f 为

$$T_1 = T_2 \approx 0.7RC_1$$

$$T = T_1 + T_2 \approx 1.4RC_1$$

$$f = 1/T$$

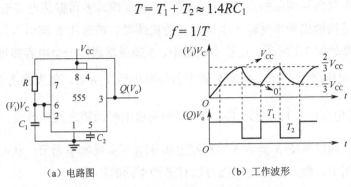

（a）电路图　　　　　　　　　　（b）工作波形

图 7.5　直接反馈式多谐振荡电路及其波形

该电路的输出电压直接反馈到 RC 电路形成振荡，因此被称为直接反馈式多谐振荡电路。它的缺点是当负载电流较大时，由于充电电流直接取自输出端，电路稳定性较差，因此这种振荡电路的应用范围较少，在实际使用中有很多改进电路。

常见的改进电路为间接反馈式多谐振荡电路，如图 7.6（a）所示。该电路将电容 C_1 的充电电源由 Q 改为 V_{CC}，同时，增加了一个电阻 R_2，将 C_1 的放电回路接至 7 脚。其工作原理与直接反馈式多谐振荡电路类似，区别是电容 C_1 的充放电回路不同。充电回路为 $V_{CC} \rightarrow R_1 \rightarrow R_2 \rightarrow C_1$，放电回路为 $C_1 \rightarrow R_2 \rightarrow 7$ 脚。电容的充放电与 3 脚输出互不干扰，大大提高了电路稳定性。输出波形如图 7.6（b）所示，周期 T 与频率 f 为

$$T_1 \approx 0.7(R_1 + R_2)C_1$$

$$T_2 \approx 0.7 R_2 C_1$$

$$T = T_1 + T_2 \approx 0.7(R_1 + 2R_2)C_1$$

$$f = 1/T$$

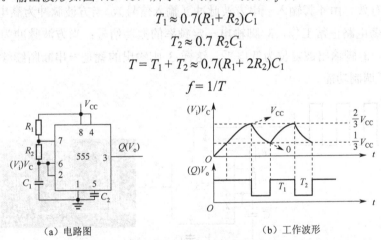

（a）电路图　　　　　　　　　　（b）工作波形

图 7.6　间接反馈式多谐振荡电路及其波形

7.3　设计举例

这里给出 555 芯片三种工作模式的一些基本应用，可在此基础上扩展思维，进行设计尝试。

7.3.1　特殊结构的多谐振荡器

在无稳态模式下，对 555 芯片相应的引脚进行一定的控制，就可以实现具备特殊功能的

振荡器,如压控振荡器和调制振荡器。这里采用间接反馈式多谐振荡电路进行设计。

　　压控振荡器是指输出频率受输入电压控制的振荡器。在芯片 5 脚引入控制电压即可构成压控振荡器,电路如图 7.7 所示。在基本电路中,5 脚通常通过一个电容接地,其目的是阻止外界杂波对 5 脚电压产生干扰。而在 5 脚引入控制电压 V_{CO} 后,触发参考电压由 $\frac{1}{3}V_{CC}$ 变为 $\frac{1}{2}V_{CO}$,阈值参考电压由 $\frac{2}{3}V_{CC}$ 变为 V_{CO},电容的充放电时间随之发生改变,周期 T 和振荡频率 f 也随之改变。通过改变 5 脚输入的控制电压 V_{CO} 可实现频率调节,从而实现了压控振荡器。在不同的应用中,输入的控制电压可以有多种不同的形式。

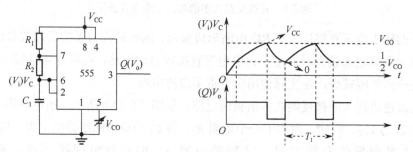

图 7.7　压控振荡器

　　方波调制的调制振荡器可通过在 4 脚输入方波信号来实现,电路如图 7.8 所示。4 脚为复位端,低电平有效。由 4 脚输入一串方波脉冲(输入信号),当方波脉冲为高电平时,由 555 芯片组成的振荡电路正常工作,3 脚输出一定频率的振荡信号;当方波脉冲为低电平时,振荡电路不工作,3 脚输出被复位为低电平。这样 3 脚输出的就是一串断断续续的信号(幅度键控),实现了调制功能。

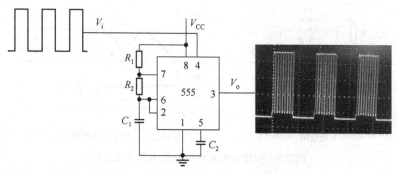

图 7.8　方波调制的调制振荡器

　　需要注意的是,CMOS 型 555 芯片的振荡频率范围(0.01Hz～2MHz)明显大于 TTL 型的振荡频率范围,当振荡频率超过 100kHz 时,可考虑 CMOS 型芯片,如 7555。如对电路稳定性要求较高,可根据需求增加整流电路、保护电路等。如果级联,可根据需求增加稳幅电路、滤波电路、放大电路等。如果负载较大,频率也会被拉低,可增加缓冲电路。如果需要高频信号(3MHz 以上),可增加倍频电路等。

通过对电路进行改进或变形，可组成调幅型振荡器、调频型振荡器等多种特殊结构的多谐振荡器，具体电路结构不在此叙述。

7.3.2　波形发生器

555 芯片构成的多谐振荡器（无稳态模式）的主要应用就是产生矩形波脉冲，它的振荡频率在零点几赫兹到几兆赫兹的范围内稳定可靠，且电路结构简单，常被用作各种信号源，使用范围极广。

通过对基本电路进行改进，可以输出频率和占空比均可调的矩形波。如果想输出方波，需将占空比固定在 50%，此时电容充电、放电回路的电阻应完全相等，在基本的间接反馈式多谐振荡电路上增加一个二极管即可实现，如图 7.9（a）所示。二极管 VD_1 与 R_2 并联，电容 C_1 的充电回路为 $V_{CC} \rightarrow R_1 \rightarrow VD_1 \rightarrow C_1$，放电回路为 $C_1 \rightarrow R_2 \rightarrow 7$ 脚。如忽略 VD_1 的影响，只需使 $R_1 = R_2$，即可输出方波。在此基础上再加入一个二极管，升级为图 7.9（b）所示的电路，电容 C_1 的充电回路为 $V_{CC} \rightarrow R_1 \rightarrow VD_1 \rightarrow C_1$，放电回路为 $C_1 \rightarrow VD_2 \rightarrow R_2 \rightarrow 7$ 脚，可以提高输出精度和稳定性。还可以用可调电位器替换 R_1 和 R_2 来进一步提高精度。

图 7.9（c）所示的电路提供了另一种输出方波的思路：使电容的充、放电使用同一个电位器 R_L。R_1 为三极管 VT 的偏置电阻，可使 VT 导通。电容 C_1 的充电回路为 $V_{CC} \rightarrow VT \rightarrow R_L \rightarrow C_1$，放电回路为 $C_1 \rightarrow R_L \rightarrow VD \rightarrow 7$ 脚。二极管 VD 与三极管 VT 的导通电阻基本相等，因此可以输出较精确的方波。调节电位器 R_L 的阻值即可改变输出方波的振荡频率，又不会影响占空比。

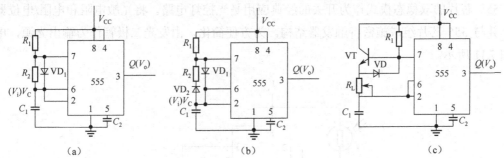

图 7.9　占空比和频率可调的矩形波发生器

对方波和矩形波加上积分电路即可产生三角波和锯齿波，对方波或三角波进行基频滤波即可产生正弦波。具体方法在第 4 章中有详细介绍，此处不再赘述。

7.3.3　延时开关

延时开关是 555 芯片的单稳态模式最常见的应用之一。图 7.10 所示为一个简单的延时灯电路，2 脚由一个双刀单掷开关 S_1 输入触发信号，3 脚通过一个三极管 VT 接小灯泡。当电路通电时，2 脚输入高电平，电路处于稳态，3 脚输出为零，三极管 VT 截止，小灯泡不亮。按动双刀单掷开关 S_1，电路进入暂稳态，VT 导通，小灯泡点亮，经过一段时间后电路自动回到稳态，小灯泡熄灭。定时时间 $T = 1.1 R_L C_2$，调节电位器的阻值 R_L 可以改变定时时间。

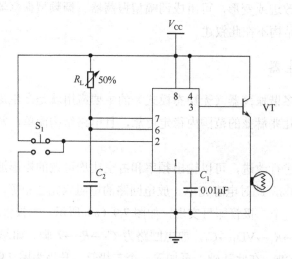

图 7.10　延时灯电路

触发信号也可以是触摸、声音等形式，通过触摸片、压电陶瓷片或各类传感器与信号放大电路的组合来构成触发电路。输出也不局限于声（如铃声、报警器等）光，而是可以作为任意定时程序或控制电路的定时、延时开关，适用范围非常广泛。

7.3.4　开关

555 芯片的双稳态模式作为开关的经典应用是光控灯电路。将光敏电阻和电阻/电位器串联，并与 555 芯片组成施密特触发器结构。为方便简化，由发光二极管作为输出光源，电路如图 7.11 所示。

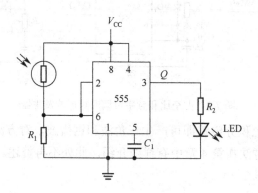

图 7.11　简易光控灯电路

光敏电阻的阻值随光照强度的变化而发生变化，当白天光照充足时，光敏电阻的阻值很小，2、6 脚为高电平，3 脚输出低电平，LED 不亮；当晚上光线逐渐变暗时，光敏电阻的阻值逐渐增大，2、6 脚电压逐渐降低，直到小于 $\frac{1}{3}V_{CC}$ 时，3 脚输出翻转为高电平，LED 点亮。在实际使用中，还需要加入整流、稳压、滤波等电路。

用 555 芯片构成的双稳态开关具有电路简单、动作稳定可靠、可输出较大电流、可直接驱动继电器类负载等优点，在日常生活、工业领域都有广泛的应用。

7.3.5 级联电路

将用 555 芯片构成的单稳态触发器、施密特触发器和多谐振荡器作为基本单元电路进行级联，可以设计成各种构思巧妙、特色鲜明的实用电路。例如，将两个不同频率的多谐振荡器进行级联，再接蜂鸣器作为输出，可以设计成双频变音报警器；将单稳态触发器作为定时开关并控制多谐振荡器，可以设计成断续音频报警器；由多谐振荡器给单稳态触发器提供启动脉冲，可以设计成循环控制电路；将施密特触发器与单稳态触发器级联，可以设计自动定时开关等。此外，一个复杂电子电路系统中的很多单元电路都可以用 555 芯片来实现，这里给出两个设计举例。

1. 密码锁

设计要求：按下开锁开关，在 20s 内输入正确的密码，完成开锁操作，否则电子锁自动关闭并由扬声器发出持续 10s 的报警信号，此时报警灯（红灯）亮。如在 20s 内正确输入密码，锁打开并亮绿灯。

系统设计框图如图 7.12 所示，其中 20s 倒计时电路和报警显示电路均可以由 555 芯片进行设计。密码可以设置成一个固定位数的二进制数，或按某种顺序按动一组按键。

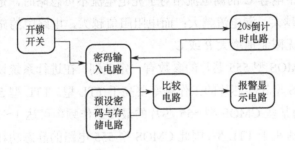

图 7.12 密码锁电路的系统设计框图

2. 温度控制报警系统

设计要求：设置 4 个温度挡位，按温度从高到低的顺序分别标记为 A、B、C、D，控制温度保持在 $B\sim C$ 范围内。正常状态下，当温度下降到 C 时，加热器开始工作；当温度升高到 B 时，加热器停止工作。若发生故障，则温度将超出 $B\sim C$ 范围，当温度达到 A 或 D 时，报警，并于 30s 后自动断电。系统设计框图如图 7.13 所示。其中，控制电路、报警显示电路和定时电路均可以用 555 芯片进行设计。

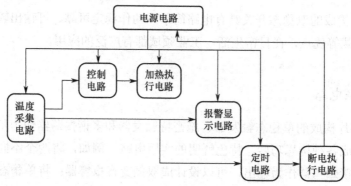

图 7.13　温度控制报警系统设计框图

7.4　555 芯片的局限性

555 芯片在使用时还需要注意以下几个方面。

（1）根据 555 芯片内部 R-S 触发器的性能，在使用时，复位脉冲的宽度应大于 0.4μs。

（2）3 脚和 7 脚虽然同为输出引脚，但由于内部结构不同，因此两脚之间存在一个 ns 数量级的时间差。

（3）电源电压的数值和稳定度都会影响 555 芯片的定时精度，影响通常在 ms 级，当对精度要求较高时，可尽量选用较高的电源电压并加入稳压电路。

（4）当 RC 电路中电容 C 的漏电流相对于充电电流不可忽略时，定时精度和稳定度也将大大降低。电容容值越大，漏电流越大；而电阻阻值越大，电路中的充电电流越小。因此，在设计参数时，不能无限制地增大 R 或 C。

（5）TTL 型和 CMOS 型 555 芯片的参数有一定差别，在进行系统设计时应考虑芯片类型是否满足要求。CMOS 型 555 芯片的工作频率要高于 TTL 型。TTL 型 555 芯片的工作频率通常不超过 500kHz，而某些 CMOS 型 555 芯片的最高工作频率可达 1～2MHz。此外，CMOS 型 555 芯片的静态电流小于 TTL 型，因此 CMOS 型 555 电路的静态功耗低于 TTL 型，而 TTL 型 555 芯片的定时精度一般高于 CMOS 型。

第8章 多波形信号发生器设计

多波形信号发生器设计是训练学生综合运用所学电路知识实现电路设计的典型教学案例。设计举例先用振荡电路产生方波信号；然后用双 D 触发器将前级产生的方波信号做 4 分频处理；分频处理后的方波信号经积分电路积分后变成三角波信号；三角波信号与方波信号叠加后送至滤波器转换成正弦波信号并输出。设计内容涵盖振荡电路、分频电路、积分电路、加法器和滤波电路等；设计过程涉及电路参数计算、元器件参数设定、信号动态范围、级间匹配等多种工程设计问题。

8.1　设计要求

使用两片 READ2302G（双运放）和一片 HD74LS74 芯片设计一个多波形信号发生器，给出设计方案、详细电路原理图和输出测试波形。

要求先设计方波产生器和三角波产生器，然后将方波产生器输出的方波 v_{o1} 经 4 分频处理后得到的 v_{o3} 与三角波产生器输出的三角波 v_{o2} 同相叠加后输出复合信号 v_{o4}，v_{o4} 经过滤波器处理后输出正弦波信号 v_{o5}，设计框图如图 8.1 所示。

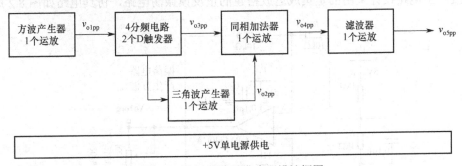

图 8.1　多波形信号发生器设计框图

各输出波形的具体设计参数要求如下。

方波：v_{o1pp}=3V±5%，f= 20kHz±100Hz，输出电阻 R_o=600Ω，波形无明显失真。

四分频方波：v_{o3pp}=1V±5%，f= 5kHz±100Hz，输出电阻 R_o=600Ω，波形无明显失真。

三角波：v_{o2pp}=1V±5%，f= 5kHz±100Hz，输出电阻 R_o=600Ω，波形无明显失真。

同相加法器输出的复合信号：v_{o4pp}=2V±5%，f= 5kHz±100Hz，输出电阻 R_o=600Ω，波形无明显失真。

滤波器输出的正弦波信号：v_{o5pp}=3V±5%，f= 5kHz±100Hz，输出电阻 R_o=600Ω，波形无明显失真。

8.2　设计说明

（1）本设计需求的具体内容来自 2017 年全国大学生电子设计竞赛综合测评题目。

（2）每个波形产生模块的输出负载电阻都为 600Ω。

（3）要求给出方案设计、详细电路图和自测数据波形。

（4）电源只能选用+5V 单电源，由稳压电源供给，不得使用额外电源。

（5）为方便测试，要求预留方波 v_{o1pp}、4 分频后的方波 v_{o3pp}、三角波 v_{o2pp}、同相加法器输出的复合信号 v_{o4pp}、滤波器输出的正弦波 v_{o5pp} 和+5V 单电源的测试端子。

8.3　实现方案

在 Multisim 软件中，没有找到设计题目中要求的 READ2302G 运算放大器芯片，该芯片的增益带宽积为 6MHz，压摆率为 8V/μs。找到的 OPA4340 四运放芯片的增益带宽积为 5.5MHz，压摆率为 6V/μs，作为替代芯片，芯片 OPA4340 具有与 READ2302G 相同的轨到轨输出性能，因此，用此替代芯片仿真不会与实物焊接的效果有较大差异。

8.3.1　方波产生电路

方波产生电路设计采用的是集成运放搭建的正反馈振荡电路，仿真电路如图 8.2 所示。

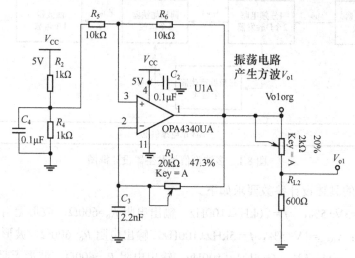

图 8.2　方波产生电路仿真电路原理图

在图 8.2 所示的电路中，通过可调电位器 R1 来调节输出波形的频率，R2、R4、C4 组成了偏置电路来提供"虚地"，电阻 R5 和 R6 提供正反馈网络。输出端接 600Ω 的负载电阻，使用电位器分压的方式可改变输出电压的幅度为 3V，以满足设计要求。

图 8.3 所示为方波产生电路的输出波形。

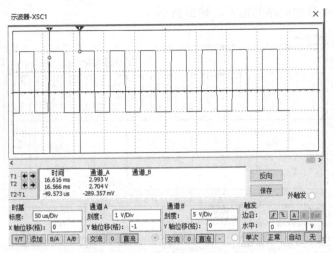

图 8.3 方波产生电路的输出波形

由图 8.3 可知, 通过光标读数, 当前输出方波的频率约为 20kHz, 幅度约为 3V, 满足题目的设计要求。仿真输出结果的误差可以通过微调电路中的电位器来改善。

8.3.2 4 分频电路

4 分频电路采用题目中提供的 HD74LS74 芯片实现, 该芯片内部集成了 2 个 D 触发器, 并带有反向数据端, 所以可以用 1 个 D 触发器设计 1 个 2 分频电路, 然后将 2 个 2 分频电路级联构成 4 分频电路, 如图 8.4 所示。

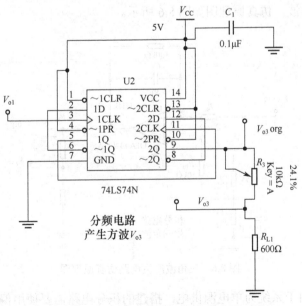

图 8.4 4 分频电路仿真电路原理图

在图 8.4 所示的电路中, 将两个 2 分频电路进行级联构成了 4 分频器, 输出端采用了电阻分压的方式，通过调整电位器 R3 接入电路中的阻值，可改变输出方波的幅度。

图 8.5 所示为 4 分频电路的输入、输出波形。

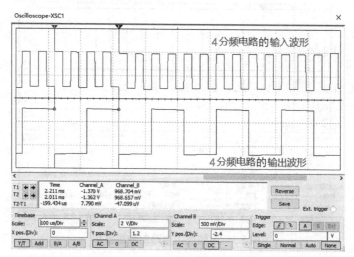

图 8.5　4 分频电路的输入、输出波形

由图 8.5 所示的仿真结果可知，输入信号的频率为 20kHz；输出信号的频率为 5kHz 左右，峰峰值约为 1V，满足设计要求。

8.3.3　三角波产生电路

根据图 8.1 所示的多波形信号发生器设计框图，三角波产生电路将 4 分频电路输出的分频后的方波信号进行积分。用运算放大器设计反相积分器，即可将分频后输出的 5kHz 方波进行积分从而得到三角波，仿真原理图如图 8.6 所示。

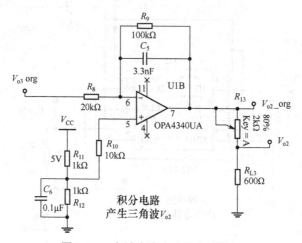

图 8.6　三角波产生电路仿真原理图

在图 8.6 中，由于系统为单电源供电，搭建的积分电路需要使用偏置电路给集成运放提供参考电压，偏置电压由电阻 R11 和 R12 分压得到。通过调整输出电位器 R13 接入电路中的阻值，可以改变输出三角波的幅度，以满足题目要求。

图 8.7 所示为三角波产生电路的输入、输出波形。

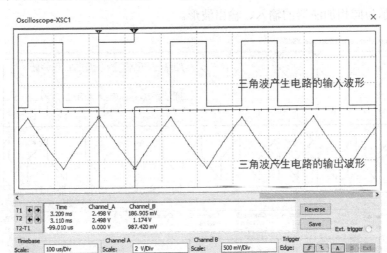

图 8.7　三角波产生电路的输入、输出波形

由图 8.7 所示的三角波产生电路的输入、输出波形的光标读数可知，当前输出的三角波的频率为 5kHz，峰峰值约为 1V，满足设计要求。

8.3.4　复合波产生电路

根据图 8.1 所示的多波形信号发生器设计框图，复合波产生电路的作用是将 4 分频电路输出的方波和三角波产生电路输出的三角波进行叠加，本设计采用加法器实现。

考虑输入阻抗，本级采用集成运算放大器搭建同相加法器实现，如图 8.8 所示。

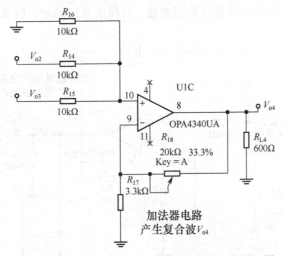

图 8.8　用集成运放设计的同相加法器的仿真原理图

在图 8.8 中，因为加法器输入端的电平在运放的共模输入范围之内，所以无须采用任何偏置电路。按要求在输出端连接了一个 600Ω 的负载电阻。该电路具有一定的增益，通过调

整反馈电位器 R18，可以改变复合输出波形的幅值，以满足设计要求。

图 8.9 所示为同相加法器的输入、输出波形。

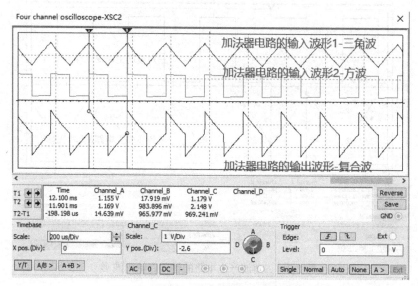

图 8.9　同相加法器的输入、输出波形

由图 8.9 所示的仿真波形的光标读数可知，当前输出的复合波形的频率为 5kHz 左右，峰峰值为 2V，满足设计要求。

8.4.5　正弦波产生电路

根据图 8.1 所示的多波形信号发生器设计框图，正弦波产生电路需要将复合波形中的高频谐波进行滤波，以得到复合波形的基波，即 5kHz 的正弦波。本设计用集成运算放大器搭建二阶有源低通滤波器，将输入的复合波形滤波，只保留基波输出，仿真原理图如图 8.10 所示。

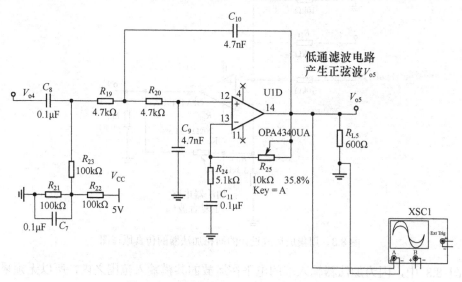

图 8.10　二阶有源低通滤波器仿真原理图

在图 8.10 中，因为是单电源+5V 供电，所以在输入端通过电阻 R21 和 R22 加了偏置电压；且由于需要处理的是 5kHz 的高频信号，因此在输入端加了电容 C8 对输入信号进行隔直处理。电路中使用了二阶低通滤波器的基本拓扑形式，设定该低通滤波器的截止频率为 7.5kHz 左右，经计算后选择 C9 和 C10 的电容值为 4.7nF，R19 和 R20 的电阻值为 4.7kΩ，计算得到的截止频率为 7.2kHz，此滤波器可以滤除 5kHz 复合波形的 2 次及以上谐波，最终得到 5kHz 的正弦波。通过调节电位器 R25 来控制有源滤波器的增益，把输出正弦波的峰峰值电压调节到 3V，以满足题目要求。

图 8.11 所示为二阶有源低通滤波器仿真电路的输入、输出波形。

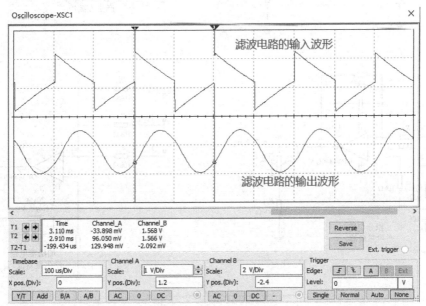

图 8.11　二阶有源低通滤波器仿真电路的输入、输出波形

由图 8.11 所示的仿真波形的光标读数可知，当前输出正弦波的频率为 5kHz，峰峰值电压约为 3V，满足设计要求。

8.4　设计总结

（1）在进行电路实际调试时，连接电路要非常小心，特别注意供电电压是否合适、极性是否接反，同时要打开直流电源的限流功能，以避免烧坏芯片。

（2）注意某些数字芯片的输入和输出逻辑电平阈值是否匹配，如果不匹配，需要做处理。

（3）应熟练掌握集成运算放大器在处理高频信号时单电源供电的方式，合理使用信号偏置，熟悉单电源变双电源的内在原理。

（4）熟悉并熟练掌握基本运算放大器的工作原理，熟悉电路中每个元件所起的作用。

系统仿真电路如图 8.12 所示。

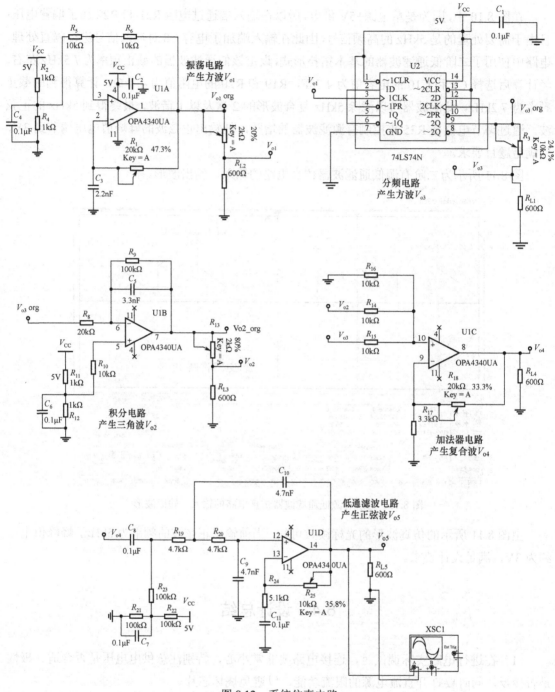

图 8.12　系统仿真电路

第9章 晶体三极管输出特性曲线测试系统设计

晶体三极管输出特性曲线是指在基极电流 I_B 一定的条件下，集电极电流 I_C 与三极管管压降 V_{CE} 之间的关系曲线。每给定一个基极电流 I_B，集电极电流 I_C 与三极管的管压降 V_{CE} 之间就有一条关系曲线与之对应，因此，晶体三极管输出特性曲线是由若干集电极电流 I_C 与三极管管压降 V_{CE} 之间的关系曲线构成的曲线族。

9.1 设计要求及注意事项

9.1.1 设计要求

（1）设计一个晶体三极管输出特性曲线测试电路，借助示波器，可以显示出图 9.1 所示的晶体三极管输出特性曲线族。

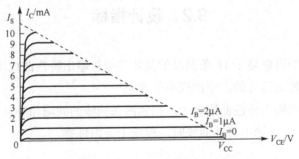

图 9.1 晶体三极管输出特性曲线族

（2）根据设计指标和设计要求，详细分析各单元电路的设计过程，逐级设计各单元电路，画出单元电路原理图，分析主要元器件的选择依据。

（3）设计各单元电路的实现、调试、测试方案和实验数据记录表格，完成单元电路测试，分析各单元电路测试数据和输入、输出波形是否满足设计要求。

（4）根据前面的设计分析，画出系统设计框图或系统设计流程图。

（5）根据系统设计框图逐级级联各单元电路，每增加一级电路，必须先测试并检验级联后的电路是否满足设计要求。如果级联后的电路可以满足设计要求，方可继续级联下一级电路；如果级联后的电路不满足设计要求，则必须先定位问题所在点，完成纠错后方可继续级联下一级电路。否则，一旦系统电路出现故障，就很难排查。

（6）设计系统电路的测试方案和实验数据记录表格，测试系统电路的实验数据和输入、输出波形，详细分析系统电路的测试数据和输入、输出波形是否满足设计要求。

（7）用电路仿真设计软件（如 Multisim 等）仿真晶体三极管输出特性曲线测试系统，将仿真结果与实验结果进行对比分析，找出实验电路的不足，提出改进方案。

（8）详细分析在电路设计过程中遇到的问题，总结并分享电路设计经验。

9.1.2 注意事项

（1）在搭接实验电路前，应先切断电源，对系统电路进行合理的布局。布局布线应遵循"走线最短"原则，通常应按信号的传递顺序逐级进行布局布线。带电作业容易损坏电子元器件并引起电路故障。

（2）在搭接实验电路时，应尽量坚持少用导线、用短导线，盲目使用导线会引入不必要的寄生参量，导致实际设计出来的电路参数发生偏离，并增大电路出错概率。

（3）在设计实验电路前，应仔细查阅所选元器件的产品数据手册，明确产品数据手册上各参数的测试条件，并根据生产厂家在产品数据手册中提供的应用实例来设计实验电路。

（4）电路仿真软件 Multisim 存在瑕疵。例如，在用集成运算放大器设计放大电路时，放大电路的输出电压不受电源电压的限制，在增大反馈电阻的过程中，放大电路的输出电压会随着反馈电阻的增大而不断升高，甚至会超过电源电压。

9.2 设计指标

（1）设计一个至少可以显示 16 条曲线的晶体三极管输出特性曲线测试系统。

（2）矩形波同步控制信号的占空比应小于 5%。

（3）在晶体三极管输出特性曲线族中，相邻两条曲线的间隔相等。

（4）在同时显示 16 条输出特性曲线时，视觉上无闪烁感。

9.3 系统设计框图

图 9.2 所示为晶体三极管输出特性曲线测试系统设计框图。

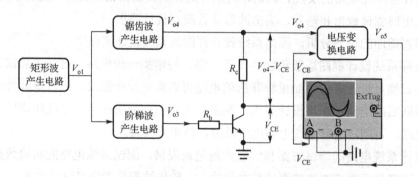

图 9.2 晶体三极管输出特性曲线测试系统设计框图

9.4　设计分析

给晶体三极管的基极提供一个固定不变的偏置电流 I_B，同时给集电极提供一个连续可变的扫描电压 V_{o4}。将晶体三极管的管压降 V_{CE} 送至示波器的 X 输入端，同时将集电极电流 I_C 的变化规律用集电极采样电阻 R_c 转换成电压的变化量，送至示波器的 Y 输入端。用示波器的 XY 显示模式可以观察到一条晶体三极管输出特性曲线。

在显示一条输出特性曲线的基础上，按照固定电压间隔给晶体三极管的基极提供一系列增量相同的基极偏置电压。按照前面介绍的测试方法，同时给晶体三极管的集电极电阻 R_c 提供一个同频率变化的扫描电压 V_{o4}。将晶体三极管的管压降 V_{CE} 送至示波器的 X 输入端，将采样电阻 R_c 两端压降的变化量送至示波器的 Y 输入端。用示波器的 XY 显示模式可以观察到一族晶体三极管输出特性曲线。

为保证在示波器的屏幕上可以清晰、完整地观察到晶体三极管输出特性曲线族，加在晶体三极管基极的偏置电流 i_B 和加在集电极的锯齿波扫描电压必须同步，即同频率、同相位，如图 9.3 所示，因此系统需要一个矩形波同步控制信号。

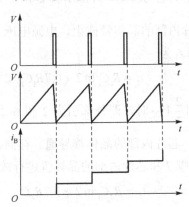

图 9.3　晶体三极管输出特性曲线测试系统的输入信号波形

根据设计指标要求，在示波器的屏幕上应至少显示 16 条输出特性曲线，且视觉上无闪烁感。因此，在确定矩形波同步控制信号的频率时，必须考虑人眼的视觉暂留时间。

9.4.1　矩形波产生电路

根据前面的设计分析可知，为保证系统可以产生完整、清晰的输出特性曲线族，系统电路需要一个矩形波同步控制信号，以保证加在基极的偏置电压和加在集电极的扫描电压同步。本实验推荐使用 555 定时器设计并产生矩形波同步控制信号。

1. 电路设计

多谐振荡器在正常工作时有两种暂态。当处于某一种暂态时，经过一段时间后，会通过触发自动翻转为另一种暂态，两种暂态相互转换即构成矩形波输出。因此，用单定时器集成芯片 555 设计的多谐振荡器可以用于产生矩形波信号。

图 9.4 所示为用单定时器集成芯片 NE555 设计的矩形波产生电路。

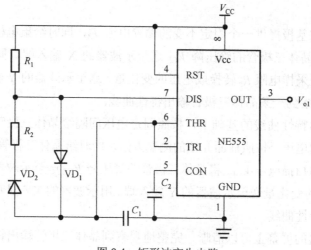

图 9.4　矩形波产生电路

在图 9.4 所示的电路中，在上电的瞬间，外部引脚 2 和 6 上的电压 $V_I < \frac{1}{3} V_{CC}$，输出引脚 3 的输出电压 V_{o1} 为高电平，芯片内部的晶体管截止。电源电压 V_{CC} 通过电阻 R_1、二极管 VD_1 对电容 C_1 进行充电。充电时间 t_1 为

$$t_1 = R_1 C_1 \ln 2 \approx 0.7 R_1 C_1$$

当电容 C_1 上的电压上升到 $\frac{2}{3} V_{CC}$ 时，即外部引脚 2 和 6 上的电压 $V_I \geqslant \frac{2}{3} V_{CC}$ 时，输出引脚 3 上的电压 V_{o1} 变为低电平，芯片内部的晶体管导通。存储在电容 C_1 两端的电荷经过二极管 VD_2、电阻 R_2，经过输入引脚 7 和芯片内部的晶体管进行放电。放电时间 t_2 为

$$t_2 = R_2 C_1 \ln 2 \approx 0.7 R_2 C_1$$

因此，图 9.4 中的输出矩形波 V_{o1} 的周期 T 为

$$T = t_1 + t_2 = (R_1 + R_2) C_1 \ln 2 \approx 0.7 (R_1 + R_2) C_1$$

矩形波的频率 f 为

$$f = \frac{1}{T} \approx \frac{1}{0.7(R_1 + R_2)C_1} \approx \frac{1.43}{(R_1 + R_2)C_1}$$

占空比 α 为

$$\alpha = \frac{t_1}{t_2} = \frac{R_1}{R_2}$$

由以上分析可知，通过改变 R_1 和 R_2 的电阻值，可以调节矩形波的输出频率和占空比。

用集成芯片 555 设计矩形波产生电路时，在刚开始起振时，输出矩形波会有一小段不稳定状态输出，经过一小段时间后，振荡输出的矩形波会自动趋于稳定。

2. 电路测试

根据设计指标要求，计算矩形波同步控制信号的频率。

根据矩形波同步控制信号的频率和占空比要求，计算图 9.4 所示电路中各元器件的参数。依据元器件标称值列表选取元器件的参数值，将所选元器件标称值标注在电路原理图中。

搭接实验电路，设计实验数据记录表格和测试方案，测试图 9.4 所示实验电路中输出矩形波的周期、频率和占空比等参数。将实验数据和输出波形记录在实验数据表格中。根据设计分析，验证所测实验数据和输出波形是否满足设计要求。

9.4.2　阶梯波产生电路

在晶体三极管输出特性曲线测试系统中，可以用梯形波给三极管的基极提供按阶梯规律变化的偏置电压。设计要求至少显示 16 条输出特性曲线，因此阶梯波应至少有 16 个台阶。为保证 16 条输出特性曲线间隔相等，阶梯波相邻台阶高度（电势差）应相等。

本实验推荐使用 74LS161 设计阶梯波产生电路。

1. 计数器 74LS161

集成芯片 74LS161 是一种高速 4 位二进制模 16 同步计数器，计数频率高。

图 9.5 所示为 74LS161 的引脚封装。

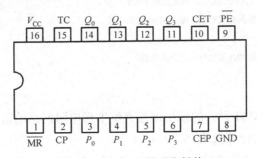

图 9.5　74LS161 的引脚封装

表 9.1 所示为 74LS161 的引脚功能描述表。

表 9.2 所示为 74LS161 各引脚状态及其对应功能描述表。

表 9.1　74LS161 的引脚功能描述表

引 脚 名 称	引 脚 标 号	I/O状态	引 脚 描 述
$\overline{\text{MR}}$	1	I	异步主复位引脚，低电平有效
CP	2	I	时钟输入，上升沿有效
$P_0 \sim P_3$	3、4、5、6	I	信号输入端
CEP	7	I	允许计数输入端
GND	8	I	参考地
$\overline{\text{PE}}$	9	I	允许并行装载输入端，低电平有效
CET	10	I	允许计数溢出引脚 TC 有效引脚

引脚名称	引脚标号	I/O状态	引脚描述
$Q_0 \sim Q_3$	14、13、12、11	O	并行信号输出端
TC	15	O	计数溢出标志引脚
V_{CC}	16		正电源电压端

表 9.2　74LS161 各引脚状态及其对应功能描述表

输 入						输 出		功能描述
$\overline{MR}$	CP	CEP	CET	$\overline{PE}$	P_n	Q_n	TC	
L	×	×	×	×	×	L	L	复位清"0"
H	↑	×	×	l	l	L	L	并行装载
H	↑	×	×	l	h	H	(1)	
H	↑	h	h	h	×	计数	(1)	允许计数
H	×	l	h	×	q_n	(1)	锁存（保持原状态不变）
H	×	×	l	h	×	q_n	L	

注：（1）当 CET=H 且计数器为 HHHH 时，TC 输出高电平。

（2）H：高电平。

（3）h：时钟信号 CP 从低到高跳变前，满足高电平时的电压。

（4）L：低电平。

（5）l：时钟信号 CP 从低到高跳变前，满足低电平时的电压。

（6）q：时钟信号 CP 从低到高跳变前，输出引脚状态。

（7）×：任意状态。

（8）↑：时钟信号 CP 从低到高变化时，上跳沿有效。

2．电路设计

图 9.6 所示为用 74LS161 设计的输出端接有倒 T 形电阻网络的阶梯波产生电路，其中 $R_1 \sim R_8$ 电阻值应根据设计要求计算选取。

图 9.6 所示电路输出的阶梯波 V_{o2} 是 TTL 电平。为满足阶梯波产生电路与后级电路的电压动态范围匹配和输入阻抗匹配，在阶梯波产生电路的输出端加一级同相比例放大电路。同相比例放大电路对阶梯波输出信号做放大和缓冲处理，输出满足后级电路设计要求的阶梯波信号 V_{o3}。阶梯波用于给待测晶体三极管提供阶梯变化的基极偏置电压。因此，R_9、R_{10} 电阻值应根据输出电压信号的动态范围计算选取。

3．电路测试

根据设计分析计算图 9.6 所示电路中各元器件的参数值。依据元器件标称值列表选取元器件的参数值，将所选元器件标称值标注在电路原理图中。

搭接实验电路，设计实验数据记录表格和电路测试方案，测试阶梯波输出信号的阶数、阶梯高度、频率、最低台阶电压、最高台阶电压等参数。将实验数据和输出波形记录在数据表格中。根据设计分析验证所测实验数据和输出波形是否满足设计要求。

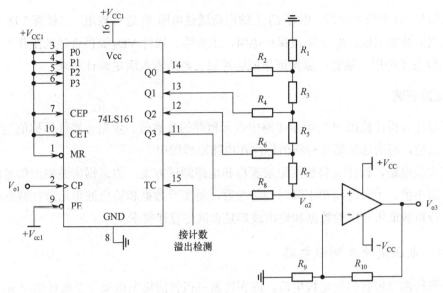

图 9.6　阶梯波产生电路

9.4.3　锯齿波产生电路

三极管输出特性曲线测试系统可以用锯齿波给待测晶体三极管的集电极电阻提供线性变化的扫描电压。为保证在示波器上可以显示出清晰、完整的晶体三极管输出特性曲线，扫描电压应从零开始。因此，如果锯齿波产生电路的输出波形不是以"0"电平为起始电压的，应给锯齿波叠加一个直流电压，通过改变直流电压的大小，可以控制三极管输出特性曲线的起始显示位置。如果叠加后的锯齿波起始电位为正值，则三极管最低管压降大于零，在示波器上所显示的输出特性曲线会缺少起始部分。

将三极管的管压降 V_{CE} 作为自变量送到示波器的 X 输入端。

1．电路设计

图 9.7 所示为用集成运算放大器设计的锯齿波产生电路。

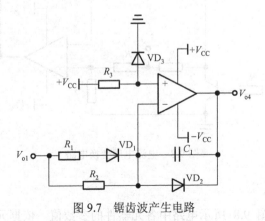

图 9.7　锯齿波产生电路

当矩形波输入信号 V_{o1} 为高电平时，通过电阻 R_1、二极管 VD_1 对电容 C_1 进行充电；当矩

形波输入信号 V_{o1} 为低电平时，电容 C_1 上的电荷通过电阻 R_2 进行放电。二极管 VD$_3$ 可以为锯齿波提供直流叠加电压。R_3 是限流保护电阻，主要给二极管 VD$_3$ 提供合适的工作电流。二极管 VD$_2$ 是静态平衡用二极管，以保证集成运算放大器的输入满足设计要求。

2. 电路测试

根据设计分析计算图 9.7 所示电路中各元器件的参数值。依据元器件标称值列表选取元器件的参数值，将所选元器件标称值标注在电路原理图中。

搭接实验电路，设计实验数据记录表格和电路测试方案。测试锯齿波输出信号的频率、最大值、最小值、上升时间和下降时间等参数，将实验数据和输出波形记录在数据表格中。根据设计分析验证所测实验数据和输出波形是否满足设计要求。

9.4.4　电压变换及测试电路

为获得待测三极管的集电极电流，应在待测三极管的集电极加一个取样电阻 R_c，将集电极电流变化量转换成 R_c 两端的电压变化量并取出，直接送至示波器的 Y 输出端，用于显示输出特性曲线波形。

1. 电路设计

图 9.8 所示为电流电压变换电路。图中 R_c 是取样电阻，该电阻两端的压降随集电极电流的变化而变化，即取样电阻 R_c 上的压降为

$$V_{RC} = I_C \cdot R_c = V_{o4} - V_{CE} = V_{o5}$$

当电阻 $R_1 = R_2 = R_3 = R_4$ 时，有

$$V_{o5} = V_{o4} - V_{CE} = V_{RC}$$

式中，V_{RC} 是集电极电阻 R_c 两端的压降，V_{CE} 是待测三极管的管压降。将图 9.8 所示电路中的锯齿波扫描电压送至示波器的 Y 输入端。

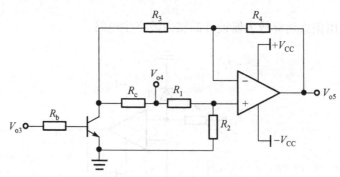

图 9.8　电流电压变换电路

2. 电路测试

根据设计分析计算图 9.8 所示电路中各元器件的参数值。依据元器件标称值列表选取元器件的参数值，将所选元器件标称值标注在电路原理图中。

搭接实验电路，设计实验数据记录表格和电路测试方案。用示波器的 XY 显示模式观察待测晶体三极管的输出特性曲线族，测试并验证所测实验数据和输出波形是否满足设计要求。

9.4.5　晶体三极管输出特性曲线测试系统电路原理图

图 9.9 所示为晶体三极管输出特性曲线测试系统电路原理图。

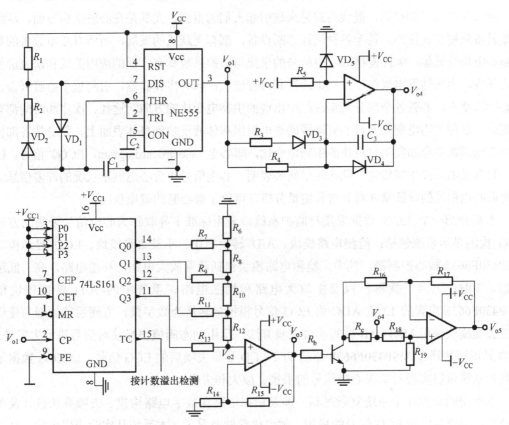

图 9.9　晶体三极管输出特性曲线测试系统电路原理图

第10章　心电信号数据采集与监护系统设计

随着生活水平的提高，健康问题越来越引起人们的重视。尤其是在心脏疾病方面，从医院大型设备到便携式仪器，甚至各种远程诊断设备，都有飞跃式的发展，而所有心电设备的基础都是心电信号采集，因此便携式心电信号的采集与监护系统具有广泛的应用前景和研究价值。在人体内，窦房结发出兴奋，按一定途径和时程依次传向心房和心室，引起整个心脏兴奋。每个心动周期中，心脏各个部分兴奋过程中出现的生物电变化的方向、途径、次序和时间都有一定规律。这种生物电变化通过心脏周围的导电组织和体液反映到身体表面上，使身体各部位在每个心动周期中也都发生有规律的生物电变化，即心电（electrocardiogram，ECG）信号。ECG是一种常见的人体生理信号，临床医学研究表明，心电信号包含心电健康状况的许多信息，通过提取心电信号的特征量并对其进行定量分析，可以了解心脏的健康状况。

本章介绍一个 ECG 数据采集与监护系统，采用标准 I 导联作为心电信号采集的方式。ECG 检测显示系统包括：检测电路模块、A/D 转换模块、小波去噪模块、LCD 显示模块、MSP430F6638 核心控制器。其中，检测电路模块包括前置放大电路，补偿电路，高、低通滤波器，50Hz 工频干扰器，以及主放大电路和加法电路。系统中的 A/D 转换模块使用MSP430F6638 内置的 12 位 ADC 将 ECG 信号模拟量转换为数字量，方便后续处理与使用。小波去噪模块使用 MATLAB 编写小波去噪算法，运用动态阈值去噪法对信号进行去噪处理。LCD 显示模块通过 MSP430F6638 驱动 TFT-LCD 显示去噪后的 ECG 信号。该 ECG 数据采集与监护系统可以实现对微弱心电信号的采集、放大和去噪。

本系统的难点在于系统复杂度高，涉及模拟电路和数字电路构建、去噪算法设计及单片机控制，需要完成对 ECG 信号的采集、数字化存储及显示。本系统从实际应用出发，结合生物医学工程专业的特点，具有实际的应用场景与使用价值，是对电类相关专业，特别是生物医学相关专业的一项很好的训练性设计内容。

10.1　心电信号相关知识简介

10.1.1　心电信号基本特性

心肌细胞膜是半透膜，在静息状态时，膜外排列着一定数量的带正电荷的阳离子，膜内排列着相同数量的带负电荷的阴离子，膜外电位高于膜内电位，称为极化状态。静息状态下，由于心脏各部位的心肌细胞都处于极化状态，没有电位差，电流记录仪描记的电位曲线平直，即为体表心电图的等电位线。心肌细胞在受到一定强度的刺激时，细胞膜的通透性发生改变，大量阳离子在短时间内涌入膜内，使膜内电位由负变正，这个过程称为除极。对整体心脏来说，心肌细胞从心内膜向心外膜顺序除极过程中的电位变化，由电流记录仪描记的电位曲线称为除极波，即体表心电图上心房的 P 波和心室的 QRS 波。细胞除极完成后，细胞膜又排出大量阳离子，使膜内电位由正变负，恢复到原来的极化状态，此过程由心外膜向心内膜进行，称为复极。同样心肌细胞复极过程中的电位变化由电流记录仪描记出，称为复极波。由于复极过程相对缓慢，因此复极波比除极波低。心房的复极波低且埋于心室的除极波中，体表心电图不易辨认，心室的复极波在体表心电图上表现为 T 波。整个心肌细胞全部复极后，再次恢复极化状态，各部位的心肌细胞间没有电位差，体表心电图记录等电位线。

10.1.2　心电信号生理学意义

1. 心电图的标准导联

心脏是一个立体的结构，为了反映心脏不同面的电活动，在人体不同部位放置电极，以记录和反映心脏的电活动。在常规心电图检查时，通常只安放 4 个肢体导联电极和 $V_1 \sim V_6$ 这 6 个胸前导联电极，记录常规 12 导联心电图，体表电极名称及安放位置如表 10.1 所示。

表 10.1　体表电极名称及安放位置

电　极	位　置	电　极	位　置
LA	左上肢	V_5	第 5 肋间隙左腋前线上
RA	右上肢	V_6	第 5 肋间隙左腋中线上
LL	左下肢	V_7	第 5 肋间隙左腋后线上
RL	右下肢	V_8	第 5 肋间隙左肩胛下线上
V_1	第 4 肋间隙胸骨右缘	V_9	第 5 肋间隙左脊柱旁线上
V_2	第 4 肋间隙胸骨左缘	V_{3r}	V_1 导联和 V_{4r} 导联之间
V_3	V_2 导联和 V_4 导联之间	V_{4r}	第 5 肋间隙右锁骨中线上
V_4	第 5 肋间隙左锁骨中线上	V_{5r}	第 5 肋间隙右腋前线上

两两电极之间或电极与中央电势端之间组成一个个不同的导联，通过导联线与心电图机电流计的正负极相连，记录心脏的电活动。两个电极之间组成了双极导联，一个导联为正极，一个导联为负极。双极肢体导联包括Ⅰ导联、Ⅱ导联和Ⅲ导联；电极和中央电势端之间构成单极导联，此时探测电极为正极，中央电势端为负极。aV_R、aV_L、aV_F、V_1、V_2、V_3、V_4、V_5 和 V_6 导联均为单极导联。由于 aV_R、aV_L、aV_F 远离心脏，以中央电端为负极时记录的电位差太小，因此负极为除探查电极以外的其他两个肢体导联的电位之和的均值。由于这样记录增大了 aV_R、aV_L、aV_F 导联的电位，因此这些导联也被称为加压单极肢体导联。图 10.1 所示为标准Ⅰ导联心电图。

2. 心电图各波及波段的组成

（1）P 波。正常心脏的激动从窦房结开始。由于窦房结位于右心房与上腔静脉的交界处，因此窦房结的激动首先传导到右心房，通过房间束传到左心房，形成心电图上的 P 波。P 波代表心房的激动，前半部代表右心房的激动，后半部代表左心房的激动。P 波时限为 0.12s，高度为 0.25mV。当心房扩大，两房间传导出现异常时，P 波可表现为高尖或双峰的 P 波。

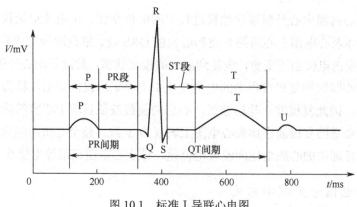

图 10.1　标准 I 导联心电图

（2）PR 间期。由 P 波起点到 QRS 波群起点间的时间。一般成人的 PR 间期为 0.12～0.20s。PR 间期随心率与年龄而变化，年龄越大或心率越慢，其 PR 间期越长。PR 间期延长常表示激动通过房室交界区的时间延长，说明有房室传导障碍，常见于房室传导阻滞等。

（3）QRS 波群。激动向下经希氏束、左右束枝同步激动左右心室形成 QRS 波群。QRS 波群代表心室的除极，激动时限小于 0.11s。当出现心脏左右束枝的传导阻滞、心室扩大或肥厚等情况时，QRS 波群会增宽、变形和时限延长。

（4）J 点。QRS 波结束与 ST 段开始的交点。代表心室肌细胞全部除极完毕。

（5）ST 段。心室肌全部除极完成，复极尚未开始的一段时间。此时各部位的心室肌都处于除极状态，细胞之间并没有电位差。因此正常情况下，ST 段应处于等电位线上。当某部位的心肌出现缺血或坏死的表现，心室在除极完毕后仍存在电位差时，表现为心电图上的 ST 段发生偏移。

（6）T 波。之后的 T 波代表心室的复极。在 QRS 波主波向上的导联，T 波应与 QRS 主波方向相同。心电图上 T 波的改变受多种因素的影响，例如，心肌缺血时可表现为 T 波低平倒置；T 波的高耸可见于高血钾、急性心肌梗死的超急期等。

（7）U 波。某些导联上 T 波之后可见 U 波，目前认为与心室的复极有关。

（8）QT 间期。同心率有密切关系。心率越快，QT 间期越短；反之，则越长。一般当心率为 70 次/min 左右时，QT 间期约为 0.40s。凡 QT 间期超过正常最高值 0.03s 以上者，称显著延长，不到 0.03s 者，称轻度延长。QT 间期延长见于心动过缓、心肌损害、心脏肥大、心力衰竭、低血钙、低血钾、冠心病、QT 间期延长综合征、药物作用等；QT 间期缩短见于高血钙、洋地黄作用、应用肾上腺素等。

10.2　心电信号采集、放大与处理系统

10.2.1　心电信号采集电路

检测电路模块负责采集导联得到的微弱心电信号，放大调理后送入采样 ADC 进行数模转

换。心电信号是体表弱信号，幅度低，为 0.1～5mV，频率范围为 0.1～200Hz，而 A/D 采样所需的电压为 0～5V，因此本模块需要解决的问题如下：

（1）中心频率 50Hz 的陷波器设计；

（2）通频带为 0.05～105Hz 的带通滤波器设计；

（3）高输入阻抗放大电路设计；

（4）调整输出信号幅值的加法电路设计；

（5）抵消人体信号源其他电信号干扰的补偿电路设计。

检测电路包括前置放大电路，补偿电路，高、低通滤波器，50Hz 工频干扰器，以及主放大电路和加法电路。

10.2.2　前置放大电路

前置放大电路如图 10.2 所示，负责拾取体表心电信号，采用高输入阻抗的放大电路。由于心电信号比较微弱，对其波形质量要求高，要求具有高输入阻抗和高共模抑制比，低噪声、低漂移、非线性度小，合适的频带和动态范围等。故选用集成仪表放大器 AD620，其具有高共模抑制比、精确度高、低噪声等特点。

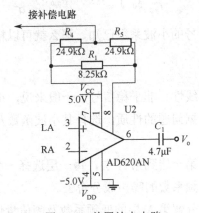

图 10.2　前置放大电路

10.2.3　去噪和滤波电路

1. 连续小波变换

在测量生理信号时常常伴随着各种噪声，因而在分析生理信号前，应该选择有效的方法进行滤波去噪，提高分析结果的精确度。傅里叶变换将函数投影到三角波上，将函数分解成了不同频率的三角波，但是在处理突变非平稳信号时，傅里叶变换的结果很不理想，在突变区域会产生吉布斯效应，并且不能展现局部特征。短时傅里叶变换又不能同时实现时域和频域的高分辨率，为此我们选择小波变换进行去噪与频谱分析。

小波分析（Wavelet Analysis）在时域和频域同时具有良好的局部化性质，它是继傅里叶分析之后纯粹数学和应用数学完美结合的典范。小波分析的思想来源于伸缩与平移方法，它是一种窗口大小（窗口面积）固定但其形状、时间窗和频率窗都可改变的时频局部化分析方法，因此它从根本上解决了短时傅里叶方法存在的问题，能根据高低频信号特点自适应地调整时–频窗，有着"数学显微镜"的美称。

对于任意连续信号或函数 $f(t)$ 进行小波变换，如果基函数 $\varphi_{a,b}(t)$ 中所含的参数 a 和 b 都是连续变量，则称其为连续小波变换（Continuous Wavelet Transform，CWT）。信号 $x(t)$ 的连续小波变换为

$$X(s,t) = \int_{-\infty}^{+\infty} \varphi_{a,b}(t) f(t) \mathrm{d}t \tag{10.1}$$

基函数 $\varphi_{a,b}(t)$ 可以通过母小波 $\varphi(t)$ 的伸缩和平移得到

$$\varphi_{a,b}(t) = \frac{1}{\sqrt{a}} \varphi\left(\frac{t-b}{a}\right), \ a>0, \ b \in \mathbf{R} \tag{10.2}$$

式中，a 是尺度因子，b 是位移因子。

如果母小波 $\varphi(t)$ 满足如下条件

$$C_{\varphi} = \int_0^{\infty} \frac{|\hat{\varphi}(\omega)|^2}{\omega} \mathrm{d}\omega < \infty \tag{10.3}$$

那么小波变换存在逆变换，公式如下

$$f(t) = \frac{1}{C_{\varphi}} \int_0^{\infty} \int_{-\infty}^{\infty} X(s,t) \varphi_{a,b}(t) \frac{\mathrm{d}a\mathrm{d}b}{a^2} \tag{10.4}$$

逆变换的存在说明如果信号的小波系数已知，那么就可以精确地恢复原始信号。

2. 信号去噪处理

小波变换非常适合分析非线性、非平稳信号。一般来说，小波去噪的基本步骤如下。

（1）信号的小波分解。根据问题的性质，选择某小波函数及其分解的层次 N，计算各层小波分解系数。

（2）选择合适的阈值。从第一层到第 N 层，每一层选择一个阈值，并且对高频系数进行处理，这样便可以将集中于高频系数的噪声成分舍去。

（3）小波重构。使用小波分解第 N 层的低频系数及阈值量化处理后的各层高频系数进行小波重构，可以得到去噪后的信号，达到去噪的目的。

选择不同的小波基函数、分解层数和阈值函数，对去噪效果会有很大的不同。目前没有相应的选取准则可以供我们参考，此处定义均方根误差与平滑度来分析去噪效果的好坏。

1）均方根误差

通常使用均方根误差（Root-Mean-Square Error，RMSE）来判断不同对象间的偏离程度，其计算方式如下

$$\mathrm{RMSE} = \sqrt{\frac{1}{N} \sum_{i=1}^{N} (Z_i - X_i)^2} \tag{10.5}$$

式中，Z_i 为原始信号，X_i 为有效信号。

2）平滑度

通过使用平滑度来评估信号去噪后的平滑度，其计算方式如下

$$r = \sqrt{\frac{\sum_{i=1}^{N-1}(X_{i+1} - X_i)^2}{\sum_{i=1}^{N-1}(Z_{i+1} - Z_i)^2}}$$　　　　　（10.6）

r 的值越小，说明去噪后的信号平滑度越好，去噪效果也越好。

我们选取不同的小波基、不同的分解层数与不同的阈值去噪方法，最终得到最佳去噪效果的小波分解方法。最终选取 coif 小波系，分解层数为 1 层，阈值选取 Stein 无偏风险阈值。

3．小波去噪算法设计

选择小波变换的方法对数据进行去噪，其步骤是将信号进行小波分解，得到不同层数的小波分解系数，设置阈值，舍去含有噪声的高频系数，最后进行小波重建，得到去噪后的信号。小波去噪需要确定小波基函数、分解层数及阈值。阈值有 4 种常用的选择方法：Stein 无偏风险阈值、Visushrink 阈值、最大最小阈值、置信区间阈值。使用均方根误差及信噪比来评价去噪效果。经过试验，选择 coif 小波系作为小波基，分解层数 1 层，阈值选取 Stein 无偏风险阈值，小波去噪流程图如图 10.3 所示。

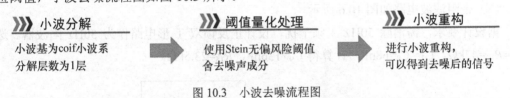

图 10.3　小波去噪流程图

4．滤波电路

（1）低通滤波电路如图 10.4 所示。

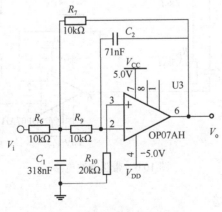

图 10.4　低通滤波电路

根据设计要求：f=105Hz，选取 R_6=R_7=R_9=R_{10}=10kΩ。由 $C=\sqrt{C_3 C_4}$、$W_o = 1/(RC)$ 及传递函数表达式可知，$C_1 = 3QC$，C_2=$C/3{\times}Q$，取 $Q = 0.707$，得 C_1=318nF，$C_2 = 71$nF。

（2）高通滤波电路如图 10.5 所示。

根据设计要求：$f=0.05Hz$，选取 $C_5=C_6=27\mu F$，则由 $R=\sqrt{R_{11}R_{12}}$，$W_o=1/(RC)$ 及传递函数表达式可知，$R_{11}=2QC$，$R_{12}=R/2\times Q$，取 $Q=0.707$，得 $R_{11}=450k\Omega$，$R_{12}=225k\Omega$。

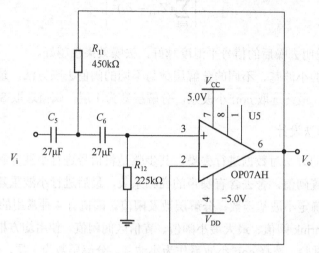

图 10.5　高通滤波电路

（3）带阻滤波电路如图 10.6 所示。

据设计要求，需消除 50Hz 工频干扰，设计正反馈双 T 形电路作为 50Hz 陷波器。选取 $R_{13}=R_{14}=47k\Omega$，$C_7=C_8=68nF$，计算得 $C_9=136nF$，$R_{15}=23.5k\Omega$。

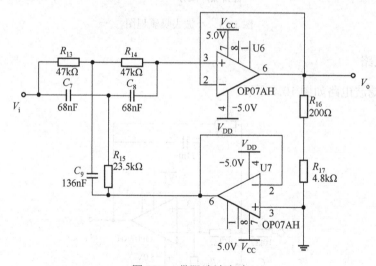

图 10.6　带阻滤波电路

10.2.4　混合放大电路

根据设计要求，混合放大电路可以将波形整体上提，使之不存在小于零的部分，使用 TL431 将波形上提 0～2.5V，混合放大电路如图 10.7 所示。

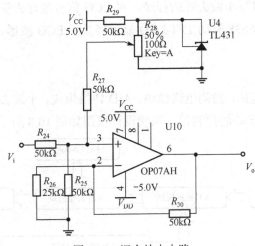

图 10.7　混合放大电路

10.2.5　特征提取

心电信号的特征提取是指从采集到的心电信号中提取出我们感兴趣的一些特征，如 RR 间期等，这些特征往往能够反映心脏的工作状况、健康与否，特征提取一般可以通过软件编程来实现。

10.3　硬件电路设计与实现

10.3.1　设计任务

设计心电信号采集电路来采集心电信号，将心电信号数字化并实现存储；设计小波去噪算法来处理信号，去除噪声；通过 LCD 显示屏显示心电信号。基本要求如下。

（1）心电信号频率范围：0.5～100Hz；

（2）输入信号幅度±（0.1～5）mV；

（3）ADC 采样频率大于 500Hz；

（4）输出数字信号位宽：12bit；

（5）电压采样分辨率小于 8mV/bit；

（6）差模输入电阻不低于 5MΩ；

（7）放大电路的共模抑制比：60～80dB；

（8）能够缓存 30s 以上时间的数据；

（9）电源要求：9V 以内，干电池供电；

（10）数据采集和通信传输信号转换电路要求对心电信号的采集率大于 200Hz，在±1V 范围内的电压采样分辨率小于 80mV；

（11）将 ECG 信号提到 0V 以上，便于进行 A/D 转换；

（12）用 MATLAB 编写小波去噪的程序，对 ECG 信号进行去噪处理；

（13）使用 MSP430F6638 驱动 TFT-LCD 显示屏显示 ECG 波形。

10.3.2　系统框图

ECG 检测显示系统包括：检测电路模块、A/D 转换模块、小波去噪模块、LCD 显示模块，使用 MSP430F6638 作为核心的控制器，系统设计框图如图 10.8 所示。

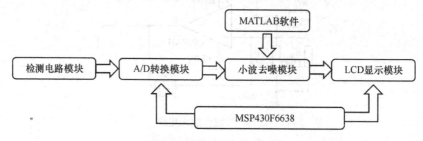

图 10.8　系统设计框图

检测电路模块可以实现对微弱心电信号的采集、放大和初步去噪。检测电路输出的 ECG 信号送入 A/D 转换模块。A/D 转换模块使用 MSP430F6638 内置的 12 位 ADC 将模拟量的 ECG 信号转换为数字值，实现 ECG 信号的存储。使用 MATLAB 读取存储于计算机上的 ECG 信号，应用于小波去噪模块。小波去噪模块使用 MATLAB 编写小波去噪算法，运用动态阈值去噪算法对信号进行去噪处理。将去噪后的数据写入 MSP430F6638 中，应用于 LCD 显示模块。LCD 显示模块通过 MSP430F6638 驱动 TFT-LCD 显示屏显示去噪后的 ECG 信号。

10.3.3　硬件实现

1．检测电路模块电路

检测电路模块电路如图 10.9 所示，负责采集导联得到的微弱心电信号，放大调理后送入采样 ADC 进行数模转换。

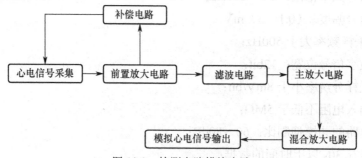

图 10.9　检测电路模块电路

检测电路包括前置放大电路，补偿电路，高、低通滤波器，50Hz 工频干扰器，以及主放大电路和加法电路。前置放大电路作为高输入阻抗放大电路，负责拾取体表心电信号；补偿电路构成反馈，抵消噪声干扰；高、低通滤波器保留所需频段的信号；主放大电路放大信号；加法电路用于调整输出信号的幅值。

2．补偿电路

补偿电路如图 10.10 所示，使用运放 AD705JN、R_2、R_3、C_2 共同组成补偿电路。它的作用是抵消人体信号源中的各种噪声干扰，包括工频干扰。引入补偿电路的方法是：在前级放大电路的反馈端与信号源地端建立共模负反馈，为提高电路的反馈深度，将反馈信号（AD705JN 的端口 6）处理后引入人体信号源参考端（左脚脚踝信号），这样可以最大限度地抵消工频干扰。根据其结构和功能，可形象地将引入的这种电路形式称为"反馈浮置跟踪电路"。

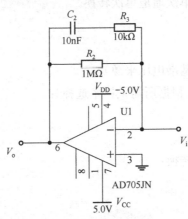

图 10.10　补偿电路

3．主放大电路

根据设计要求，主放大电路的增益为 125 倍。电阻取值如图 10.11 所示，R_{19} 实现增益可调；R_{21}、R_8、R_{22} 则构成调零电路。

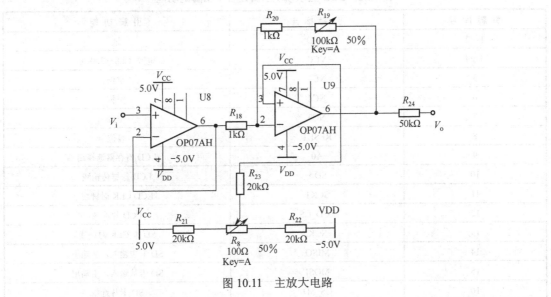

图 10.11　主放大电路

4．A/D 转换模块电路

A/D 转换模块使用 MSP430F6638 内置的 ADC12 进行，其支持 12 位精度模数转换，主要由具有采样与保持功能的 12 位转换器内核、采样选择控制、参考电压发生器及 16 字转换控制缓冲区组成。以 TP16 作为模拟信号输入端口，可以通过外接电位器来调节 P6.6 端口的输入电压范围。

5. A/D 转换模块程序设计

ADC 转换有 4 种模式：单次通道单次转换、序列通道单次转换、单次通道多次转换、序列通道多次转换。本实验采用单次通道单次转换。

基本流程如下：

（1）设置输入端口；

（2）设置基准电压（选择基准电压来源）；

（3）选择 ADC 时钟来源（根据所需采样率选择）；

（4）给定采样起始信号；

（5）设定采样保持时间；

（6）选择工作模式为单次转换；

（7）设置存储地址；

（8）开启中断。

6. LCD 显示模块电路

LCD 显示模块引脚及各个引脚的功能如表 10.2 所示，通过对 MSP430F6638 编程即可实现对其控制。

表 10.2　LCD 显示模块引脚及各个引脚的功能

引脚序号	引脚标志	引脚功能
1，2	GND	地
3，4	VCC	电源（2.8～3.4V）
5	NC1	空脚
6	NC2	空脚
7	NC3	空脚
8	RESET	复位
9	A0	LCD 寄存器选择端
10	SDA	LCD 数据传输线
11	SCK1	LCD CLK 时钟线
12	LCD_CS	LCD 片选端
13	SCK	SD 卡 CLK 时钟线
14	MISO	SD 卡主输入，从输出
15	MOSI	SD 卡从输入，主输出
16	CS_SD	SD 卡片选端
17，19	LED+	背光正极
19，20	LED-	背光负极

7．LCD 显示模块程序设计

液晶显示是通过对显示像素施加电场从而实现显示的。常见的驱动方式有静态驱动法、动态驱动法。本实验采用动态驱动法，基本流程如下：

（1）配置 LCD 的 GPIO 引脚（根据用户手册分配）；

（2）配置数据引脚 VD；

（3）配置控制引脚；

（4）设置时钟基准，即一帧数据传输的速度；

（5）HSYNC 高脉冲，一行数据传输开始；

（6）HSPW+1 为 HSYNC 脉冲宽度，即有 HSPW+1 个无效像素；

（7）HBPD+1 = THb−(HSPW+1)，为有效像素数目；

（8）VDEN 代表数据使能信号，表示传输开始；

（9）等待 HFPD+1 个时钟后，一行数据传输完毕。

第11章　直流电机 PWM 调速系统设计

直流电机是指能将直流电能转换为机械能的转换装置，和交流电机相比，直流电机具有传动比分级精细、结构紧凑、体积小、外形美观、承受过载能力强、效率高、振动小、噪声小、通用性强、维护成本低、环境适应性强等优点。

直流电机调速系统是基本的电力传动控制系统，通过改变直流电机的控制电压可调节直流电机的转速、转向和扭矩等。比较常用的直流电机调速方式是脉宽调制（Pulse Width Modulator，PWM），即通过改变控制电压信号的频率和脉冲宽度来控制直流电机的转速、转向和扭矩等。

11.1　设计要求及注意事项

11.1.1　设计要求

（1）设计一个直流电机 PWM 调速系统，可以实现直流电机的正转、反转及不同转动速度的调节，并且可以利用数码管显示直流电机的工作状态。

（2）根据设计指标和设计要求，详细分析各单元电路的设计过程，逐级设计各单元电路，画出单元电路原理图，分析主要元器件的选择依据。

（3）设计各单元电路的实现、调试、测试方案和实验数据记录表格，完成单元电路测试，分析各单元电路的测试数据和输入、输出波形是否满足设计要求。

（4）根据前面的设计分析，画出系统设计框图或系统设计流程图。

（5）根据系统设计框图逐级级联各单元电路，每增加一级电路，必须先测试并检验级联后的电路是否满足设计要求。如果级联后的电路可以满足设计要求，方可继续级联下一级电路；如果级联后的电路不满足设计要求，则必须先定位问题所在点，完成纠错后方可继续级联下一级电路。否则，一旦系统电路出现故障，就很难排查。

（6）设计系统电路的测试方案和实验数据记录表格，测试系统电路的实验数据和输入、输出波形，详细分析系统电路的测试数据和输入、输出波形是否满足设计要求。

（7）用计算机辅助电路设计软件（如 Altium Designer、Proteus 等）画出电路原理图。

（8）详细分析在电路设计过程中遇到的问题，总结并分享电路设计经验。

11.1.2　注意事项

（1）直流电机 PWM 调速系统是一个小型电路系统。在搭接实验电路前，应先切断电源，对系统电路进行合理的布局。布局布线应遵循"走线最短"原则，通常，应按信号的传递顺序逐级进行布局布线，带电作业容易损坏电子元器件并引起电路故障。

（2）在搭接实验电路时，应尽量坚持少用导线、用短导线，盲目使用导线会引入不必要的寄生参量，使实际设计出来的电路参数发生偏离，并增大电路出错的概率。

（3）电路系统应逐级搭接、逐级调试，单元电路调试正常后方可进行电路级联。每增加一级电路，都应检验级联后的电路功能是否正常。不允许直接将已经调试好的所有单元电路直接级联，否则如果系统电路出现故障，将增加排查难度。

（4）注意区分数码管的引脚标号，弄清公共端和各段线的引脚标号。

（5）电路安装完毕后不要急于通电，应仔细检查元器件引脚有无接错；测量电源与参考地之间的阻抗，如果发现阻抗过小等问题，应在及时改正后方可通电。

（6）接通电源时，应注意观察电路有无异常现象，如元器件发热、异味、冒烟等，如果发现有异常现象出现，应立即切断电源，待故障排除后方可通电。

（7）为避免烧坏器件，请严格遵守各器件生产厂家提供的产品数据手册的要求使用器件。

11.2　设计指标

（1）电源：提供+5V 直流电源。

（2）数码管、电机均用三极管驱动。

（3）四位一体数码管，第一、二位显示直流电机正反转，第三、四位显示直流电机转动挡位。

（4）电机可以实现正转、反转和不同的转动速度。

（5）附加功能：自行设计实现其他功能（如蜂鸣器报警等）。

11.3　系统设计框图

本实验要求设计一个直流电机 PWM 调速系统，该系统主要包括：电源模块、数码管显示模块、直流电机驱动模块等，其系统设计框图如图 11.1 所示。

图 11.1　直流电机 PWM 调速系统的系统设计框图

11.4　设计分析

依据设计要求，本实验需要设计三个功能模块：电源模块、数码管显示模块、直流电机驱动模块。

电源模块将市电转换成+5V 直流电源，给整个系统供电；数码管显示模块利用三极管对公共端进行驱动；直流电机驱动模块通过三极管构成的 H 桥型电路对电机进行驱动。利用信号发生器产生脉冲宽度调制波，通过 H 桥型电路控制电机的正转或反转。采用 PWM 方式控制电机的转速，通过改变 PWM 信号的占空比来改变电机的电枢电压，从而实现对电机进行调速，加在电机两端的 PWM 信号的占空比越大，电机的转速越快。PWM 信号频率通常设置为几千赫兹到十几千赫兹，如果频率设置得过低，电机会产生较大的振动，频率设置得过高，电源会有较大损耗，而且电机厂家的电机参数本身也不推荐用太高的频率。

11.4.1 数码管显示模块

比较常用的数码管分为 1 位数码管、2 位数码管、4 位数码管，如图 11.2 所示。无论是几位数码管，其显示原理都相同，均是靠点亮内部发光二极管（LED）来显示的。

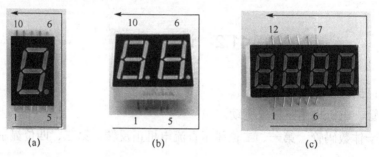

图 11.2 不同位数码管实物图

1 位数码管引脚及内部结构如图 11.3 所示。

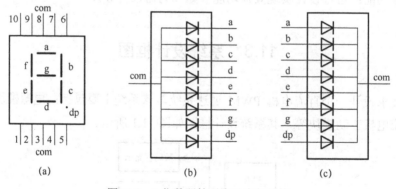

图 11.3 1 位数码管引脚及内部结构

从图 11.3（a）所示的引脚图可以看出，7 个小段构成一个 8 字，另外还有一个小数点，即内部共有 8 组发光二极管。1 位数码管有 10 个引脚，其中第 3 个和第 8 个引脚连在一起，构成公共端。

数码管的公共引脚分为共阳极和共阴极两大类。在共阳极数码管内部，其 8 组发光二极管的阳极连接在一起，阴极之间相互独立，因此称为"共阳极"，如图 11.3（b）所示。当共阳极数码管的公共端加有高电平，其他任意阴极引脚接地时，对应的发光二极管即被点亮。

通过点亮不同的发光二极管，数码管可以显示"0～F"这 16 个数字编码和小数点。

在共阴极数码管的内部，其 8 组发光二极管的阴极连在一起，阳极之间相互独立，因此称为"共阴极"，如图 11.3（c）所示。当共阴极数码管的公共端接地，其他任意阳极引脚加高电平时，对应的发光二极管即被点亮。通过点亮不同的发光二极管，数码管可以显示"0～F"这 16 个数字编码和小数点。

在多位一体的数码管内部，每位公共端之间都是相互独立的，用来控制对应位的数码管是否可以被点亮。负责显示每位编码 8 个段线的公共端连在一起被称为"位选线"。与 1 位数码管相同，8 个段线用来控制数码管显示不同的编码，被称为"段选线"。

通常 1 位数码管有 10 个引脚，其中有 2 个引脚连在一起作为公共端，被称为位选线；剩下 8 个引脚是段选线，用来控制某一段是否可以被点亮。2 位数码管也有 10 个引脚，其中 2 个引脚是位选线，分别用于控制 2 位数码管中的某一位是否可以被点亮，剩下 8 个引脚是段选线，用来控制某一段是否可以被点亮。4 位数码管有 12 个引脚，其中 4 个引脚是位选线，分别用于控制 4 位数码管中的某一位是否可以被点亮，剩下 8 个引脚是段选线，用来控制某一段是否可以被点亮。

具体引脚与段、位之间的关系可以查阅相关的产品技术资料。如果找不到产品技术资料，可以用数字万用表的二极管挡位进行测量判断。用数字万用表测量判断数码管引脚位、段的方法是：先找出位引脚，即公共端，然后通过点亮字段判断段引脚，边测试边绘制引脚标号与段或位之间的关系。

在没有数字万用表的情况下，也可以用模拟万用表的欧姆挡测量。或者用直流电源串接限流电阻测试，通过各段位的状态来判断，不过这种判断方法相对比较麻烦。

为了保证发光亮度，有些体积比较大的数码管的内部每一段都是由两个或多个发光二极管组成的，具体使用时需要根据实际情况，采用合适的方法来判断。

1. 电路设计

数码管显示模块采用的是 4 段 4 位共阳极数码管。当某一位公共端引脚接+5V 直流电压时，其所属某一字段发光二极管的阴极引脚串联合适的限流电阻并接地，相应段的发光二极管就会被点亮。

通常将控制发光二极管 8 位一字节的数字编码称为 LED 显示的段选码。在需要构成多位 LED 显示时，除需要段选码外，还需要位选码，以确定段选码对应的显示位。段选码用来控制显示字形，位选码用来控制显示是其中的哪一位 LED。

在实际使用时，每个二极管支路都应该串接一个合适的保护用限流电阻，因此，8 个阴极应分别与 8 个限流电阻串联。

发光二极管的最大正向连续工作电流一般在 10mA 左右，选取限流电阻的阻值时，可以先假定发光二极管的工作电流为 10mA。通常情况下，红色发光二极管的导通压降为 1.7V。如果实验选用+5V 直流电压源供电，计算得出限流电阻的阻值应不小于 330Ω。但考虑 4 位数码管同时点亮的极端情况，此时流经限流电阻的电流应为 40mA。40mA 的工作电流可以使 $\frac{1}{8}$ W

的电阻发热甚至被烧坏，因此，在选用限流电阻时，可以适当增大限流电阻的阻值。工程设计中选择限流电阻的原则是：只要能满足显示亮度要求，就应尽量选择大阻值的限流电阻，以降低不必要的功耗，保证数码管的使用寿命。

　　考虑后续接口电路的驱动能力可能满足不了点亮全部数码管的要求，所以需要设计数码管显示驱动电路。本实验建议选用了 PNP 型三极管作为数码管显示驱动器件，用三极管放大后的工作电流来驱动数码管显示。推荐选用三极管的型号为 8550。

　　数码管显示驱动电路如图 11.4 所示。通过控制段控制引脚 1～8 可以控制显示字形，通过控制位控制引脚 K_1、K_2、K_3、K_4 可以控制哪一位数码管显示。

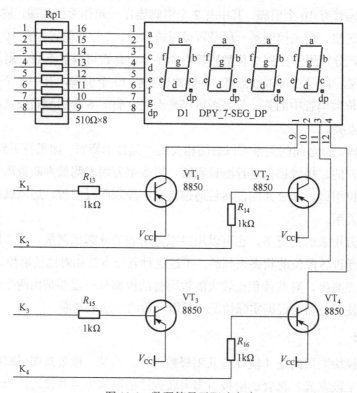

图 11.4　数码管显示驱动电路

2．电路调试

　　依据实验要求设计并搭建数码管显示驱动电路。

　　用数字万用表检测并判断 4 位共阳极数码管的 4 个公共端（位控制）引脚和 8 个段控制引脚，并画出引脚封装图。

　　分析控制三极管导通的条件。

　　三极管导通后，测试三极管的静态工作电压 V_e、V_b、V_c，估算三极管的集电极工作电流 I_c，设计数据记录并将测得的数据记录在表中。

　　详细分析怎样才能点亮指定位数码管。如果要点亮数码管的第一位，并使其显示数字"5"，需要怎样设置控制引脚？

将 1 位共阳极数码管点亮并分别显示 0～F，用"0"和"1"分别表示数码管 8 个段控制引脚接"地"和"电源"，将对应的二进制码记录在表 11.1 中。若数码管为共阴极，完成上述显示功能，分析对应的二进制码有无改变。

表 11.1　共阳极数码管显示不同数值时对应的二进制码

点亮数值	0	1	2	3	4	5	6	7	8	9	A	B	C	D	E	F
二进制码	C0															

11.4.2　直流电机驱动模块

直流电机是常见的一类电力拖动设备，其应用十分广泛。直流电机具有调速范围宽，易于控制，易于平滑调速，可靠性高，过载、启动、制动转矩大，调速时能量损耗小等优点，因此被广泛地应用于对调速要求较高的场所。

作为执行部件，直流电机内部有一个闭合的主磁路。主磁通在主磁路中流动，同时与两个电路交联，其中一个电路用来产生磁通，称为激磁回路；另一个电路用来传递功率，称为功率回路或电枢回路。

现行的直流电机主要是旋转电枢式，激磁绕组及其所包围的铁芯组成的磁极为定子，带换向单元的电枢绕组和电枢铁芯组成直流电机的转子。

直流电机的主要技术参数如下。

（1）额定工作电压——即推荐工作电压。常见小型直流电机的额定工作电压有 3V、6V、12V、24V 和 36V。多数直流电机是在一定电压范围内工作的，工作电压的改变会影响直流电机的转速等其他参数，因此，额定工作电压也被称为最大工作电压。应根据控制电路所能提供的电压值来选取合适的直流电机，尽量不要选用需要额外电压供电的电机，以免提高电路设计难度。本实验建议选用额定工作电压为 3V 的直流电机。

（2）额定功率——是指电机系统的理想功率，即电机在推荐工作条件下的最大功率。

（3）转速——电机旋转的速度，常用单位为 r/min（转/分），国际单位为 rad/s（弧度/秒）。常见的小型直流电机空载转速的范围一般为 5000～20 000r/min。

（4）转矩——是指电机得以旋转的力矩，即距中心一定半径距离上所输出的切向力。国际单位为 N·m（牛顿·米）或 kg·m（千克·米）。

（5）启动转矩——电机启动时所产生的旋转力矩。

普通直流电机的实物图如图 11.5 所示。

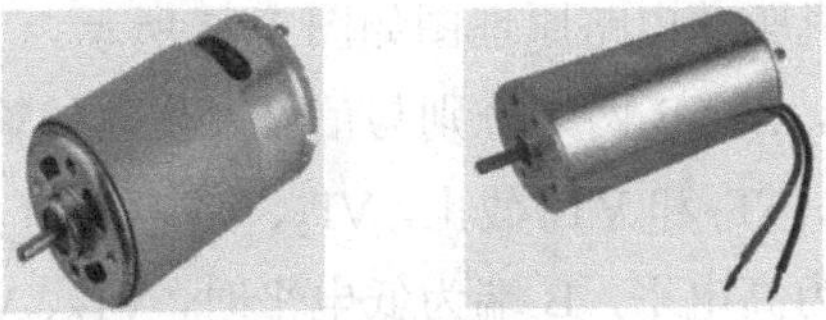

图 11.5　普通直流电机的实物图

使用电机时要特别注意：电机工作电压不可以超过其额定工作电压。电机转动时的电压值越高，绕组线圈中流过的电流越大，电机的发热量也越大。长期在超额定电压状态下工作，电机的使用寿命会大大缩短。

1. 电路设计

直流电机的速度控制可采用电枢控制，也可采用磁场控制。用磁场控制法控制磁通，控制功率虽然小，但是低速时受磁饱和的限制，高速时受换向火花和换向器结构强度的限制，并且因励磁线圈的电感较大，动态响应较差，因此多数直流电机都采用电枢控制。电枢控制是在励磁电压不变的情况下，把电压控制信号加到电机电枢上来控制电机的转速的。目前，绝大多数直流电机都采用开关驱动方式获得电压控制信号，即半导体功率器件工作在开关状态，通过 PWM 信号来控制电机电枢两端的电压，其控制输出电压波形如图 11.6 所示。

$$V_o = \frac{t_{on}}{t_{on} + t_{off}} V = \frac{t_{on}}{T} V = \alpha \cdot V$$

式中，α 为占空比，$0 \leqslant \alpha \leqslant 1$。

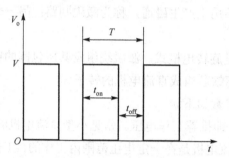

图 11.6　PWM 调速控制输出电压波形

由此式可知，通过改变脉冲幅值 V 和占空比 α，可以改变直流输出平均电压 V_o 的大小。在实际应用时，脉冲幅值通常保持不变，即 V 保持不变，所以只可以通过改变占空比 α 来控制输出电压平均值的变化，即改变直流电机电枢两端电压的开通和关断时间比，达到改变输出电压平均值的目的，从而利用 PWM 控制技术实现对直流电机转速的调节。

PWM 调速方式具有响应速度快、调速精度高、调速范围宽等特点。PWM 调速可以通过定宽调频、调宽调频、定频调宽三种方式来改变占空比，但是前两种方式在调速时需要改变控制脉冲信号的周期。当控制脉冲的频率与系统的固有频率相等时，会引起共振，因此本实验建议采用定频调宽的方法来改变占空比，从而达到改变直流电机电枢两端的电压、调节直流电机转速的目的。

用三极管设计的直流电机驱动电路原理图如图 11.7 所示。

在图 11.7 所示的电路中，A、B 两端分别与信号发生器的输出端和地相连。当 A 端为低电平，B 端为高电平时，VT_6、VT_7 和 VT_9 截止，VT_5、VT_8 和 VT_{10} 导通，直流电机左端为高电平，右端为低电平。当 A 端为高电平，B 端为低电平时，VT_6、VT_7 和 VT_9 导通，VT_5、VT_8 和 VT_{10} 截止，直流电机左端为低电平，右端为高电平。

由以上分析可知，当 A 端为低电平，B 端为高电平时，直流电机正转；当 A 端为高电平，

B 端为低电平时，直流电机反转。当 A 端和 B 端同时为高电平或同时为低电平时，直流电机不转。

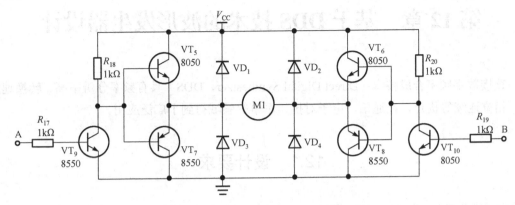

图 11.7　直流电机驱动电路原理图

在进行电路测试时，应在 A 端或 B 端加入不同占空比的 PWM 波，另外一端接地，以实现对电机转向的控制和转速的调节。

功率控制驱动电路主要是将信号发生器产生的 PWM 信号进行功率放大，放大后的驱动信号直接控制直流电机电枢电压的接通或断开时间，以实现调节直流电机转速的目的。并且通过将 PWM 信号加载到电路中的不同端子，来控制直流电机的电流流向，从而控制直流电机的正转或反转。

2．电路测试

依据实验要求设计并搭建电机驱动电路。

用信号发生器分别产生占空比为 20%、40%、60%、80%、100%的 PWM 波，将产生的 PWM 波加载到 A 端，将 B 端接地，观察电机转向和转速的变化，同时在数码管上设置显示转向和转动挡位。用示波器测试电机在不同占空比情况下转动时的电压波形图，并记录下来。

将以上产生的 PWM 波加载到 B 端，将 A 端接地，再次观察电机转向和转速的变化。用示波器测试电机在不同占空比情况下转动时的电压波形图，并记录下来。

第12章 基于DDS技术的波形发生器设计

直接数字频率合成技术（Direct Digital Synthesizer，DDS）具有频率分辨率高、转换速度快、相位连续等优点，在通信、电子对抗、军事等领域得到了广泛应用。

12.1 设计要求

（1）利用开发工具 ModelSim 和 Quartus，并结合硬件描述语言 Verilog HDL，用 Altera DE2 作为硬件开发平台，在 FPGA 上设计一台信号发生器，使其能够输出正弦波、三角波、方波，并可通过外设来设置输出信号的类型、频率、幅度和占空比等。

（2）将 FPGA 输出的数字波形幅度序列输出给数模转换器（DAC）转换成模拟波形输出后，再经过滤波和放大处理，最后送给示波器显示。

（3）画出系统设计框图或系统设计流程图。详细记录并分析设计过程及设计过程中遇到的问题和解决问题的办法，总结设计经验。

12.2 设计指标

（1）波形种类：正弦波、三角波、方波。

（2）频率范围：1Hz～1MHz（步进精度为 1 Hz）。

（3）幅度范围：峰峰值电压 0～6.4V（步进幅度为 0.1V）。

（4）占空比：0%～100%（步进占空比为 1%）。

12.3 系统设计框图

系统设计框图如图 12.1 所示，所设计的信号发生器主要由现场可编程逻辑门阵列（FPGA）模块、D/A 转换器、低通滤波器、电压放大器及数码管、按键等外围器件和示波器组成。待生成信号的波形种类、频率、幅度和占空比等需要通过按键设置并通过数码管显示；通过 FPGA 计算得到的数字波形幅度序列经 D/A 转换器和低通滤波器处理后，输出给电压放大器，电压放大器将信号放大到示波器允许的输入波形范围并直接输出给示波器；示波器在显示产生的波形的同时，还可以读取波形参数，根据示波器测得的信号可以用来评价所设计信号发生器的性能是否满足设计要求。

图 12.1　系统设计框图

12.4　FPGA 内部电路设计分析

FPGA 内部设计是本实验的重点和难点，FPGA 内部模块设计框图如图 12.2 所示。

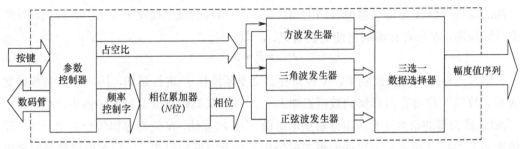

图 12.2　FPGA 内部模块设计框图

用按键设置并调节占空比和频率控制字，同时将所设置的参数输出给外部数码管显示。相位累加器的作用是以频率控制字为输入，将频率控制字参数转换成与设定频率相对应的相位参数并输出。相位序列作为频率控制参数，与占空比控制字一起被送给波形（方波、三角波、正弦波）发生器并处理生成相应的幅度值序列。最后输出的幅度值序列是经三选一数据选择器选定的指定波形（方波、三角波、正弦波）。

12.4.1　参数控制器

在参数控制器的作用下，可以通过按键来改变占空比、频率控制字，并通过译码器电路驱动数码管显示，如图 12.3 所示。其中，占空比计数器为模 100 计数器，对应 0～100%占空比范围，步进精度为 1%。频率计数器为模 1000 计数器，对应 0～1kHz 频率范围，步进精度为 1Hz；用按键切换倍率可以将频率范围调节为 0～1MHz，步进精度为 1kHz。

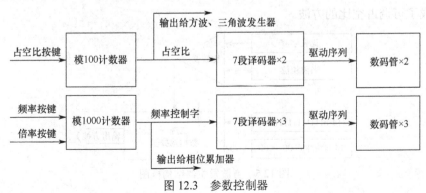

图 12.3　参数控制器

12.4.2 相位累加器

相位累加器由加法器与寄存器级联而成，如图 12.4 所示。

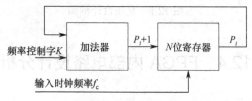

图 12.4   相位累加器

加法器将当前 N 位寄存器所存储的相位值 P_i 与输入的频率控制字 K 相加，因此，每经过一个时钟周期，N 位寄存器的值便更新为 P_{i+1}，即

$$P_{i+1} = P_i + K \tag{12.1}$$

在输入时钟频率 f_c 的控制下，N 位寄存器会不断地按 K 进行累加，因寄存器的数据宽度为 N 位，故当 N 位寄存器存储的数据累加大于 2^N 时，其高位就会自动发生溢出，即相当于做了一次以 2^N 为模的余数运算。相位累加器每做 $2^N/K$ 次加法，N 位寄存器就会溢出一次，即相位值增加了 $360°$，也就是输出的波形正好经历了一个完整的周期，所以相位累加器的溢出周期即为输出信号的周期。

由以上分析可知，输出信号的频率 f_0 可由下式决定

$$f_0 = \frac{K}{2^N} f_c \tag{12.2}$$

因此，可以通过改变频率控制字 K 来改变相位累加器的步进量，从而改变待生成信号的频率 f_0。

12.4.3 方波发生器

设相位累加器的位数为 N，即累加器的模为 2^N。输入占空比（Duty）为 $0 \sim 100$ 的数字量，对应的占空比为 $0 \sim 100\%$；比较字 $M = 2^N \times \text{Duty}/100$，输出位数为 14 位。

方波发生器结构框图如图 12.5 所示，当比较字 M 高于当前相位时，输出高电平，即 14'b11111111111111；反之，当比较字 M 低于当前相位时，则输出低电平，即 14'b00000000000000。这样就生成了可调占空比的方波。

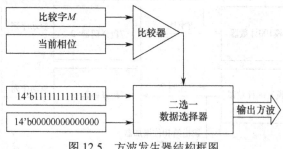

图 12.5   方波发生器结构框图

12.4.4　三角波发生器

设频率控制字为 K，相位累加器的位数为 N，即累加器的模为 2^N。定义三角波的上升时间与周期的比值为占空比，设描述三角波占空比的整型变量 Duty 的取值范围为 $0\sim100$，对应的实际占空比为 $0\sim100\%$，那么比较字 $M=2^N\times \text{Duty}/100$。

三角波发生器结构框图如图 12.6 所示，当比较字 M 大于当前相位时，为上升状态；反之，当比较字 M 小于当前相位时，为下降状态。将比较结果作为二选一数据选择器的地址信号，就可以根据用户输入的占空比来调节上升或下降状态。

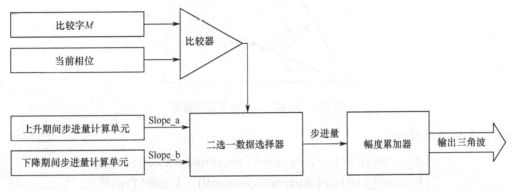

图 12.6　三角波发生器结构框图

设输出位数为 14 位，三角波的峰值为 14'b11111111111111，谷值为 14'b00000000000000，则步进量计算公式如下。

（1）上升期间幅度累加器的步进量

$$\text{Slope}\_a = \frac{2^{14}}{(2^N/K)\times(\text{Duty}/100)}$$

（2）下降期间幅度累加器的步进量

$$\text{Slope}\_b = \frac{2^{14}}{(2^N/K)\times(1-\text{Duty}/100)}$$

通过计算上升和下降期间的步进量，并通过相位比较结果选通对应的步进量输入给幅度累加器（与相位累加器的原理相同），就可以输出占空比可调的三角波了。

12.4.5　正弦波发生器

正弦波的计算较为复杂，传统主要采用查找表（LUT）来实现，用查找表实现需要占用大容量的存储器以提高设计精度。为了节省 FPGA 内部 ROM 资源的占用，本设计采用了一种迭代式的逼近算法（CORDIC）来实现三角函数的计算。这种方法在查找表的基础上发展而成，需要一个最小的查找表。CORDIC 具体的实现只需利用简单的移位和加法运算，无须使用乘法器，即可产生高精度的正余弦波形，尤其适合在 FPGA 上实现。

下面给出了单频正弦波的计算过程，谐波的合成可以参考下述方法自行设计。

1. CORDIC 旋转算法

CORDIC 旋转算法是一种用于计算运算函数的循环迭代算法。该方法从算法本身入手，将复杂的算法分解成在硬件中容易实现的基本算法，如加法和移位等，从而保证这些算法在硬件资源上占用较少，以实现快速运算。

设矢量与 x 轴的初始夹角为 α，模长为 r，则矢量的坐标可表示为 $(X_i, Y_i)=(r\cos\alpha, r\sin\alpha)$，再将其旋转 θ 角后所得到的新矢量 $(X_j, Y_j)=(r\cos(\alpha+\theta), r\sin(\alpha+\theta))$，如图 12.7 所示。

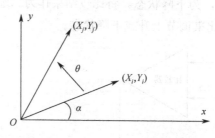

图 12.7　CORDIC 旋转算法示意图

则旋转后的矢量可表示为

$$\begin{cases} X_j = r\cos(\alpha+\theta) = r(\cos\alpha\cos\theta - \sin\alpha\sin\theta) = X_i\cos\theta - Y_i\sin\theta \\ Y_j = r\sin(\alpha+\theta) = r(\sin\alpha\cos\theta + \cos\alpha\sin\theta) = X_i\sin\theta + Y_i\cos\theta \end{cases} \tag{12.3}$$

把对矢量的旋转操作表示成矩阵乘法，则上述方程组可表示为

$$\begin{bmatrix} X_j \\ Y_j \end{bmatrix} = \begin{bmatrix} \cos\theta & -\sin\theta \\ \sin\theta & \cos\theta \end{bmatrix} \begin{bmatrix} X_i \\ Y_i \end{bmatrix} = \cos\theta \begin{bmatrix} 1 & -\tan\theta \\ \tan\theta & 1 \end{bmatrix} \begin{bmatrix} X_i \\ Y_i \end{bmatrix} \tag{12.4}$$

为了简化运算，将 $\cos\theta$ 提出来，乘法的次数由 4 次降为 3 次，加快了运算速度。

为了进一步简化运算，我们可以将矢量的旋转角度 θ 分解成无穷多个微小的子角度 θ_n（$n=0,1,2,\cdots$），即

$$\theta = \sum_{n=0}^{\infty} \theta_n s_n \tag{12.5}$$

其中，$s_n = \{-1, 1\}$，$s_n = 1$ 表示顺时针旋转，$s_n = -1$ 表示逆时针旋转。

由于硬件电路中的数值具有二进制特性，因此如果把每次旋转的子角度 θ_n 加以限制，使得 $\cos\theta_n = \pm 2^{-n}$，则可以将运算中的乘法操作变为移位操作，那么式（12.4）可以变为

$$\begin{bmatrix} X_j \\ Y_j \end{bmatrix} = K \begin{bmatrix} 1 & -s_n 2^{-n} \\ s_n 2^{-n} & 1 \end{bmatrix} \cdots \begin{bmatrix} 1 & -s_0 2^{-0} \\ s_0 2^{-0} & 1 \end{bmatrix} \begin{bmatrix} X_i \\ Y_i \end{bmatrix} \tag{12.6}$$

其中，$K = \prod_{n=0}^{\infty} \cos\theta_n = \prod_{n=0}^{\infty} \dfrac{1}{\sqrt{1+2^{-2n}}} \approx 0.607\,253$。

为了确定每一步旋转中 s_n 的取值，这里需要引入一个新的变量 z_n，其表示目标角度 θ 与已旋转角度的差值，即

$$z_n = \theta - \sum_{i=0}^{n-1} \theta_i \tag{12.7}$$

可得

$$s_n = \begin{cases} -1, & z_n < 0 \\ 1, & z_n \geqslant 0 \end{cases} \tag{12.8}$$

由式（12.6）可知，当迭代次数逐渐增大时，K 就会不断逼近 0.607。因此，可以在迭代过程中暂时忽略 K 对运算结果的影响，等到迭代结束后再乘以 K，这样每一次微小的旋转操作都可以表示为

$$\begin{bmatrix} X_{n+1} \\ Y_{n+1} \end{bmatrix} = \begin{bmatrix} 1 & -s_n 2^{-n} \\ s_n 2^{-n} & 1 \end{bmatrix} \begin{bmatrix} X_n \\ Y_n \end{bmatrix} \tag{12.9}$$

将式（12.7）和式（12.9）结合，即可得到下面三个迭代方程

$$\begin{cases} X_{n+1} = X_n - s_n 2^{-n} Y_n \\ Y_{n+1} = Y_n + s_n 2^{-n} X_n \\ Z_{n+1} = Z_n - s_n \cdot \arctan 2^{-n} \end{cases} \tag{12.10}$$

由上述可得最终的旋转结果为

$$\begin{cases} X_n = K(X_0 \cos z_0 - Y_0 \sin z_0) \\ Y_n = K(Y_0 \cos z_0 - X_0 \sin z_0) \\ Z_n = 0 \end{cases} \tag{12.11}$$

代入一组特殊的初始值

$$\begin{cases} X_0 = K \\ Y_0 = 0 \\ Z_0 = \theta \end{cases} \tag{12.12}$$

得

$$\begin{cases} X_n = \cos\theta \\ Y_n = \sin\theta \\ Z_n = \theta \end{cases} \tag{12.13}$$

即给定适当的初值，通过本算法可以计算出单一频率的正弦函数。需要注意的是，由式（12.5）可知，CORDIC 旋转算法的极限旋转角度限定为 $-\pi/2 < \theta < \pi/2$，在实际操作时，对不在该范围内的相位需要进行象限转换。

2. CORDIC 旋转算法的 FPGA 实现

在 FPGA 上设计的 CORDIC 旋转算法采用了流水线结构，可以在执行进程的同时输入数据，从而极大地提高了程序的运行效率。在图 12.8 所示的流水线结构中，所有移位器都有固定的深度，而且将事先计算好的旋转角度集中的各个值作为常数连到累加器上，不需要额外的存储空间和读取时间。

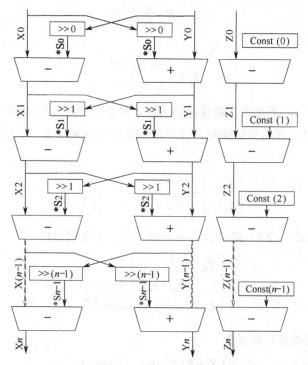

图 12.8 CORDIC 旋转算法流水线结构

上述 CORDIC 旋转算法的流水线实现在 FPGA 上简化为加减法运算，读数时间短，占用存储空间小，易于在 FPGA 中实现。

12.4.6 三选一数据选择器

在地址信号的控制作用下，从多路信号中选择一路信号输出的电路被称为数据选择器。若要对三种信号进行选择，则可用 2 个二进制数进行状态表达（将多出的一个状态置零）。

设正弦波、三角波、方波三种序列的数据分别为 D2、D1、D0，设地址数据为 A0、A1，则真值表如表 12.1 表示。

表 12.1 三选一数据选择器真值表

输　　入					输　　出
A1	A0	D2	D1	D0	Y
0	0	×	×	×	0
0	1	×	×	×	D0
1	0	×	×	×	D1
1	1	×	×	×	D2

用户可以通过按键来控制 A0、A1 的数值，从而改变选通的数据通路，实现选择特定输出波形的目的。

12.5　外围硬件电路设计分析

系统硬件电路框图如图 12.9 所示。按键和拨码开关作为外部 I/O 输入，可实现复位、模式选择、频率倍率等，还可实现频率、占空比、幅度的保持和调节。7 段数码管作为输出，可显示频率、占空比、幅度等信息。LED 用来指示当前工作模式。

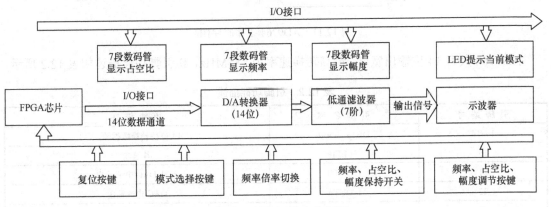

图 12.9　系统硬件电路框图

FPGA 控制 I/O 接口输入并显示参数，经 FPGA 内部处理后输出 14 位幅度值序列并送给 DAC 处理，DAC 处理后的波形数据经低通滤波器滤波后送给示波器显示。

12.5.1　D/A 转换

D/A 转换选用了 AD9764 数模转换芯片，其引脚封装如图 12.10 所示。

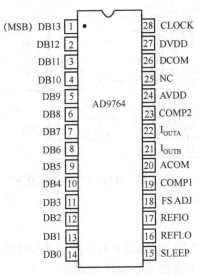

图 12.10　AD9764 引脚封装

在图 12.11 所示的 AD9764 工作时序图中，t_{LPW} 为锁存脉冲宽度，最小值为 3.5ns，即当时钟为 50% 占空比时，周期必须大于 7ns。

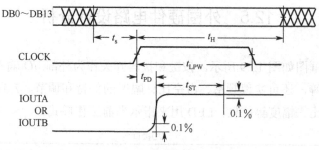

图 12.11　AD9764 工作时序图

AD9764 具有 14 位输出宽度，最高转换速率为 125MHz，其引脚功能描述如表 12.2 所示。

表 12.2　引脚功能描述

引 脚 编 号	引 脚 名 称	功 能 描 述
1~14	DB13~DB0	14 位待转换数据输入
15	SLEEP	片选端
21	I_OUTB	互补 DAC 电流输出
22	I_OUTA	DAC 电流输出
24	AVDD	模拟电源供应
27	DVDD	数字电源供应
28	CLOCK	时钟输入（上升沿锁存）

由于滤波器需要单端输入信号，而 AD9764 采用了差分信号输出，因此，在其输出端接运算放大器，可以将双端输出信号转换成单端输出信号。DAC 工作电路原理如图 12.12 所示，其中 V_DIV 为经运算放大器 OPA690 转换后的单端输出信号。

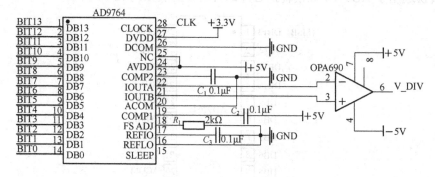

图 12.12　DAC 工作电路原理图

12.5.2　低通滤波器

DAC 的输出电压是阶梯状的，其频谱含有大量的高频成分，为了保持较好的波形连续性，需要在 DAC 的输出端加一个滤波器来平滑输出波形。

前面使用的 AD9764 的最高转换速率为 125MHz，因此，图 12.13 选用的 7 阶椭圆低通滤波器的截止频率为 120MHz，其输入、输出阻抗均为 50Ω。

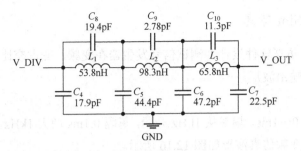

图 12.13　7 阶椭圆低通滤波器

12.5.3　输出可调放大电路

由于 DAC 输出的电压幅度较小，经滤波器处理后还需要增加一级输出电压幅度可调的（0～6.4V）放大电路，如图 12.14 所示，其输出电压与输入电压的关系为

$$V\_OUT=V\_IN\times(1+R_3/R_2)$$

如果将 R_3 选为滑动变阻器，那么，可以通过调节 R_3 的电阻值来调节放大倍数，从而实现调节输出电压的目的。

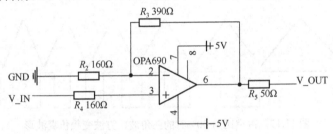

图 12.14　输出可调放大电路

12.6　仿真及实测

上述 FPGA 设计是在软件环境 Quartus Ⅱ 和 ModelSim 下调试完成的，其设计原理如图 12.15 所示。硬件的设计和调试需要用到高速 DAC、DE2 Development and Education Board 开发板和示波器等。

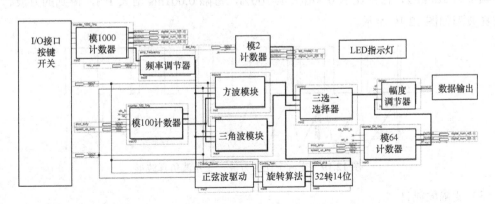

图 12.15　信号发生器模块设计原理图

12.6.1　ModelSim 仿真

利用 ModelSim 仿真软件设计并测试信号发生器在变频、变占空比、变幅度和波形切换等功能作用下得到的输出波形。

（1）变频测试

设置仿真时间为 0～1ms，频率从 1kHz 开始，每隔 0.1ms 增大 1kHz。当占空比为 25%时，得到的三角波和方波变频仿真波形如图 12.16 所示。

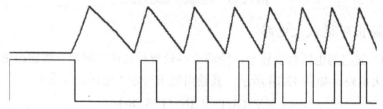

图 12.16　占空比为 25%时的三角波、方波变频仿真波形

当占空比为 50%时，得到的三角波和方波变频仿真波形如图 12.17 所示。

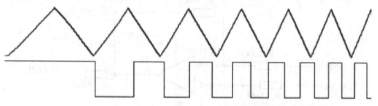

图 12.17　占空比为 50%时的三角波、方波变频仿真波形

当输出模式为正弦波时，得到的正弦波变频仿真波形如图 12.18 所示。

图 12.18　正弦波变频仿真波形

（2）变占空比测试

频率为 100kHz，占空比从 0%增大至 100%，每隔 0.001ms 增大 1%，得到的方波、三角波仿真波形如图 12.19 所示。

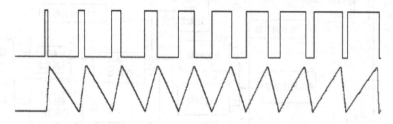

图 12.19　变占空比的方波、三角波仿真波形

（3）变幅度测试

频率为 100kHz，幅度从 0%增大至 100%，每隔 0.001ms 增大 1%，得到的方波、三角波

仿真波形如图 12.20 所示。

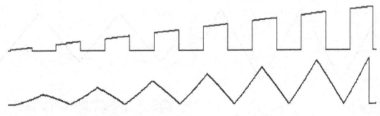

图 12.20　变幅度的方波、三角波仿真波形

（4）波形切换

方波、三角波、正弦波切换输出得到的仿真波形如图 12.21 所示。

图 12.21　方波、三角波、正弦波切换输出得到的仿真波形

由上述仿真实验可知，所设计的信号发生器可实现变频、变占空比、变幅度和波形切换等功能。

12.6.2　实验测试

在仿真实验的基础上完成下面的实验测试，用示波器观测到的数据波形如下。

（1）频率调节实验

固定占空比为 50%，调节频率为 1kHz、5kHz、10kHz、50kHz、100kHz，通过示波器观测到的频率如表 12.3 所示。

表 12.3　频率数据记录表

输入频率	1kHz	5kHz	10kHz	50kHz	100kHz
三角波	0.9999kHz	5.03kHz	9.96kHz	50.4kHz	99.8kHz
方波	0.9999kHz	4.97kHz	9.98kHz	50.4kHz	99.8kHz
正弦波	0.9940kHz	4.97kHz	9.94kHz	50.6kHz	99.4kHz

由表 12.3 计算得到的实测输出的平均相对误差如下。

三角波平均相对误差：$(0.0001/1+0.03/5+0.04/10+0.4/50+0.2/100)/5 \approx 0.4\%$；

方波平均相对误差：$(0.0001/1+0.03/5+0.02/10+0.4/50+0.2/100)/5 \approx 0.36\%$；

正弦波平均相对误差：$(0.006/1+0.03/5+0.06/10+0.6/50+0.6/100)/5 = 0.72\%$；

总平均相对误差：$(0.4\%+0.36+0.72\%)/3 \approx 0.493\%$。

当频率为 1kHz 和 100kHz 时，用示波器测得的三角波、方波、正弦波输出波形如图 12.22 所示。由示波器测得的参数可知，与设定频率基本一致，误差在 1% 以内，且输出波形无明显失真。

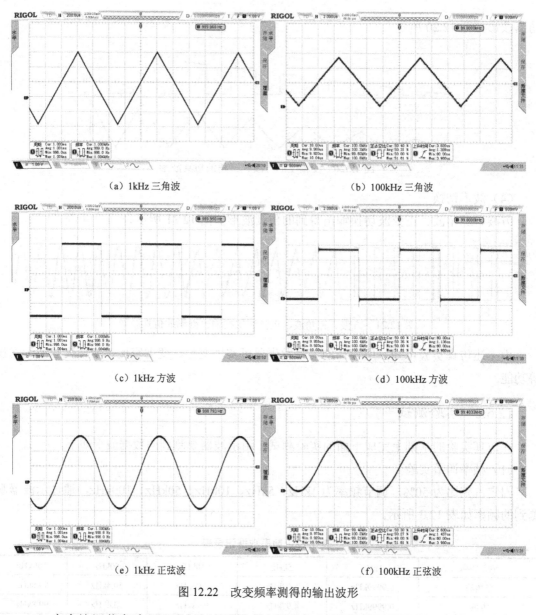

（a）1kHz 三角波　　　　　　　　　　　　　（b）100kHz 三角波

（c）1kHz 方波　　　　　　　　　　　　　（d）100kHz 方波

（e）1kHz 正弦波　　　　　　　　　　　　　（f）100kHz 正弦波

图 12.22　改变频率测得的输出波形

（2）占空比调节实验

固定频率为 1kHz，占空比为 25%、50%、75%，用示波器测得的三角波和方波输出波形如图 12.23 所示，表 12.4 所示为占空比数据记录表。

表 12.4　占空比数据记录表

占空比	25%	50%	75%
三角波	24.7%	50.9%	74.8%
方波	24.8%	49.8%	74.8%

由表 12.4 计算得到的占空比平均相对误差如下。

三角波平均相对误差：(0.3%+0.9%+0.2%)/3 ≈ 0.46%；

方波平均误差：(0.8%+0.2%+0.2%)/3=0.40%。

　　由示波器测得的参数可知，系统可实现三角波、方波占空比调节，误差在 1%以内。

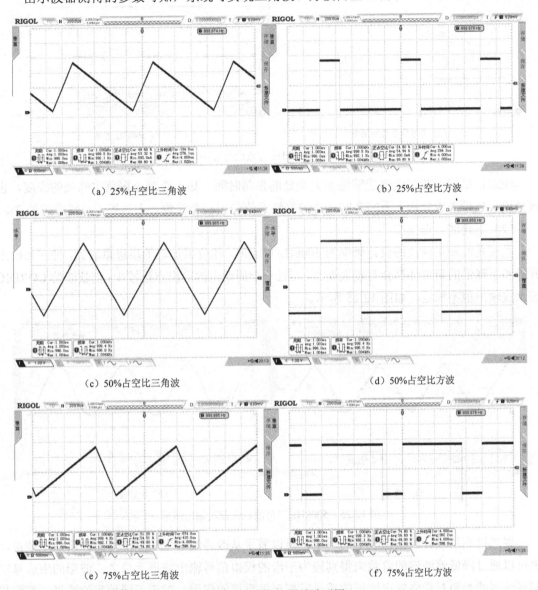

（a）25%占空比三角波　　　　　　　　　　　　（b）25%占空比方波

（c）50%占空比三角波　　　　　　　　　　　　（d）50%占空比方波

（e）75%占空比三角波　　　　　　　　　　　　（f）75%占空比方波

图 12.23　占空比测试波形图

12.6.3　问题分析

（1）方波

　　当方波的设计频率为 500kHz 时，其输出波形会在突变处有较大的抖动，如图 12.24 所示。这是因为方波信号的频谱成分本应是无穷多的，经低通滤波器处理后会加剧其高频成分的衰减，便出现了较为明显的吉布斯现象。若要进行改进，可以通过增大滤波器的阶数或调整滤波器的类型来解决。

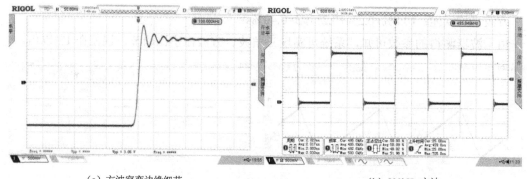

（a）方波突变边缘细节　　　　　　　　　　　（b）500kHz 方波

图 12.24　500kHz 方波边缘过冲现象

注意，尽管调整滤波器能够缩短突变处的振荡时间，却不能减小振荡尖峰处的幅度，也就是说，当频谱成分趋于无穷多时，该尖峰幅度值趋于一个常数，大约等于总跳变值的 9%。

（2）三角波、正弦波

当三角波和正弦波的设计频率为 500kHz 以上时，相位累加器的步进量较大，使三角波上升沿和下降沿的斜率计算会有较大误差，而且一个周期内的输出点数较少；正弦波的 CORDIC 流水线输出值不稳定，如图 12.25 所示。

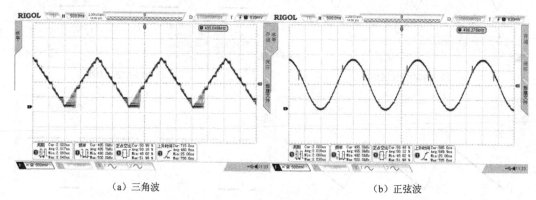

（a）三角波　　　　　　　　　　　　　　　（b）正弦波

图 12.25　500kHz 三角波、正弦波输出波形

要想提高所设计的输出波形的质量，可以着手从改善波形生成算法等原理层面上解决，也可以通过降低滤波器的阶数来得到较为平滑的模拟信号输出波形。总之，波形的生成算法和滤波器的参数对最终输出波形的质量发挥至关重要的作用，对于不同种类的波形，都有与之相适应的调整方法，需要勤于思考，通过不断探索进行优化。

第13章 智能饮水机系统设计

在人们的日常生活中，饮水机是最常用的小家电之一。饮水机系统设计要求学生首先拆解并分析传统饮水机的功能，将各功能模块进行划分，通过查找文献资料、产品数据手册等反推所设计的功能需要选用哪些器件或功能模块来实现，最终设计并制作一个较为实用的饮水机系统。

13.1 设计要求

（1）采用模块化方法设计一个饮水机系统。

（2）所设计的饮水机系统主要包括机械结构设计和电路控制设计两部分内容。

（3）机械结构设计主要包括：壳体设计、升降台设计、机电隔离结构设计。

（4）电路控制设计主要包括：由激光测距传感器、红外光电传感器、非接触式液位传感器、电流测量传感器和隔离电量变送器等构成的检测与控制系统；步进电机和步进电机驱动器；由漏电保护和直流降压模块构成的电源供电系统等。

（5）画出系统设计结构图或系统设计流程图。

（6）记录设计过程，详细分析设计过程中遇到的问题，找到解决问题的办法。

13.2 设计指标

（1）设计水温设定旋钮用于调节加热功率，以保证注入接水杯中的水的温度满足设定的温度要求。

（2）能够自动检测水杯的高度、液位的高度，对不同容量接水杯的尺寸要求具有较强的包容性。

（3）饮水机检测到空置的接水杯后可自动出水；接水杯加满后可自动停止注水；如果接水杯在接水过程中被拿走，饮水机自动关断，停止出水。

（4）当饮水机的供水桶缺水时，系统设有闪烁指示灯以提示用户及时加水，同时自动控制停止加热。

13.3 设计方案

饮水机系统结构如图 13.1 所示，主要包括含漏电保护开关和直流降压模块在内的电源供电系统；由激光测距传感器、红外光电传感器、非接触式液位传感器、电流测量传感器和隔离电量变送器等构成的检测与控制系统；步进电机和步进电机驱动器；丝杆滑台和升降台；蠕动泵和加热体等功能模块。

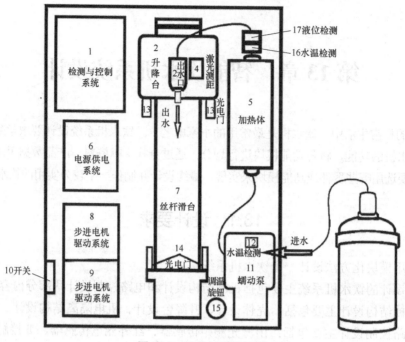

图 13.1　饮水机系统结构

13.4　机械结构设计

饮水机的壳体应具有防水、耐磨、外形美观、材料易得、易于加工等特点，推荐采用亚克力作为壳体加工材料，通过激光切割机进行切割加工完成。

设计壳体时，需要自学计算机辅助设计（Computer Aided Design，CAD）软件的使用方法，分组完成设计。设计壳体前，应对饮水机的内部结构进行布局，对各部件尺寸进行测量，画出内部结构布局图。

1．机械连接

在画壳体结构图时，应充分考虑板材厚度、角码固定孔的位置等；存在偏差的地方要预留适当的安装余量。为提高壳体衔接处的牢固性和稳定性，两板之间应以拼插的方式结合，如图 13.2 所示，并将两板用不锈钢角码、螺丝、螺母、垫片等进行固定。

图 13.2　局部壳体结构及其衔接固定方式

机械设计部分包括铝材选型、导轨设计等。为了确保饮水机电气控制、驱动及电源等电路部件的安全，在总体布局上应考虑将电气控制驱动及电源供电系统与加热体和蠕动泵等分别布置在丝杆滑台的两侧，用亚克力隔板将电路部分与加热和机械部件隔开，如图 13.1 所示。根据升降台的有效行程和实际尺寸选用规格合适的丝杆滑台，由丝杆滑台底部的步进电机驱动升降台沿丝杆滑台完成上下移动。在升降台上固定光电门和激光测距传感器，分别用于检测水杯杯壁的高度和水杯中的液位高度。

2. 蠕动泵

循环水泵有抽出式水泵、自吸式水泵、离心泵、喷射泵等。多数种类的泵体在使用时需要与液体接触，使用时间越长，泵体越可能出现漏水、漏电等问题，不适合在饮水机上使用。为了保证饮用水的安全与卫生，系统选用蠕动泵，泵管采用食品级硅胶管。

蠕动泵由三部分组成：驱动器、泵头和软管。就像用手指夹挤一根充满流体的软管时，随着手指向前滑动，管内流体向前移动。蠕动泵也是这个原理，只是用滚轮取代了手指。通过对泵的弹性输送软管进行交替挤压和释放来泵送流体。蠕动泵具有良好的自吸能力，可空转，可防止回流，维护简单，稳定性好。

可以根据电机种类、电机工作电压、流速范围、工作环境、泵管材质等基本参数选择能够满足设计要求的蠕动泵，也可以自主设计 3D 蠕动泵模型。采用 3D 打印技术打印出的理想蠕动泵模型如图 13.3 所示。

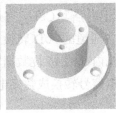

　　（a）蠕动泵上盖　　　　　（b）蠕动泵挤压腔　　　　　（c）蠕动泵旋转轴　　　　　（d）蠕动泵固定卡槽

图 13.3　理想蠕动泵模型

将硅胶管用环绕卡嵌的方式固定在泵头内，通过固定在泵体内的电机驱动蠕动泵的滚轮挤压硅胶管，使管中的水随之流动。这种设计方式可以保证饮用水被隔离在硅胶管内不接触泵体，避免饮用水被污染。

13.5　硬件电路设计

13.5.1　主控单片机的选择与论证

方案一：51 系列单片机。

优点：

（1）从内部的硬件到软件有一套完整处理器，不但能对片内某些特殊功能寄存器的某位进行处理，如传送、置位、清零、测试等，还能进行位的逻辑运算，其功能十分完备，使用起来得心应手。

（2）在片内 RAM 区间特别开辟了一个双重功能的地址区间，使用灵活，这一功能无疑给使用者提供了极大的方便。

缺点：

（1）对 A/D 转换、EEPROM 等功能需要进行扩展，增大了硬件和软件负担。

（2）虽然 I/O 使用简单，但高电平时输出能力弱。

（3）51 单片机保护能力相对较差，容易烧坏芯片。

方案二：STM32 系列单片机。

优点：

（1）内核：ARM 32 位 Cortex-M3 CPU，最高工作频率 72MHz，1.25DMIPS/MHz。

（2）存储器：片上集成 32～512KB 的 Flash 存储器，6～64KB 的 SRAM 存储器。

（3）电源管理：2.0～3.6V 电源供电和 I/O 接口驱动电压。

（4）时钟：带 RTC 功能。

（5）调试模式：串行调试（SWD）和 JTAG 接口。多达 112 个快速 I/O 端口、多达 11 个定时器、多达 13 个通信接口。

本书以 STM32F103 单片机为硬件电路核心控制器件进行介绍。

STM32F103 单片机属于增强型 CPU，有片内模数转换器和 18 个通道，可测量 16 个外部信号和 2 个内部信号。其各通道的 A/D 转换可以按单次、连续、扫描或间断模式执行；A/D 转换后的结果存储在单片机内部的 16 位数据寄存器中。将电压信号与单片机的 A/D 转换接口相连，可将连续变化的模拟信号转换成数字电压信号，存储在单片机内部数据寄存器中。

13.5.2　温度设定和水温检测

温度设定和水温检测电路包括三脚单联电位器和热敏电阻、分压电阻及核心控制器，如图 13.4 所示。温度设定电位器的中间引脚与单片机的 A/D 通道连接，电源电压由单片机的 3.3V 输出引脚提供，因此，温度设定 A/D 采样值所对应的电压变化范围为 0～3.3V。水温显示可根据电阻与电阻两端电压的线性关系，通过按比例均分方式标注数值；也可以将电位器输出的电压值转换成对应的温度，通过单片机驱动 LCD 或 LED 显示。

根据温度系数的不同，热敏电阻可分为正温度

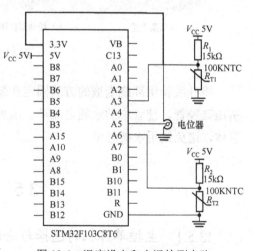

图 13.4　温度设定和水温检测电路

系数热敏电阻和负温度系数热敏电阻两大类。负温度系数热敏电阻的线性度相对较好，误差小，故本系统选用了负温度系数热敏电阻，电路连接如图 13.4 所示。热敏电阻两端的电压信号分别送至单片机的 A/D 采样引脚 A3 和 A6，将采集到的热敏电阻上的电压信号转换成当前温度下的热敏电阻值，并根据式（13.1）计算得到加热管入水口处与出水口处的水温。

$$T_2 = \frac{1}{\dfrac{1}{T_{25}} - \dfrac{\ln(R_{25}) - \ln(R_{T2})}{B}} \tag{13.1}$$

式中，B 是已知的热敏电阻的材料常数，R_{25} 是已知的室温 25℃时的热敏电阻值，R_{T2} 是经采样计算得到的当前温度下的热敏电阻值，T_{25} 是指室温 25℃时的热力学温度，T_2 是当前的热力学温度。

　　较高的采样速率可以保证在读取 A/D 转换结果矩阵时，读取值更接近实际值。但是采样速率过快将会使通道间的转换加快、单通道采样时间缩短，A/D 转换的准确度下降。假设定时中断设计为 10μs，需保证在 10μs 内 ADC 采集到的数据更新一次，经计算和测试，定义 ADC 的采样频率为 270kHz，符合设计要求。在加热体的加热过程中，A/D 采样数组不断更新，通过实时计算比较，控制加热体是否需要停止加热。

13.5.3　过零检测

　　为了保证用电安全，系统选用了 220V/50Hz 的交流电光耦合隔离过零检测电路，主要包括电阻分压、运放、光耦合隔离及外部中断采集。交流电光耦合隔离过零检测电路可以保证交流电在通过零点时将脉冲有效取出，从而延长加热电路中可控硅的导通时间。

　　用仿真软件 Multisim 设计的交流电光耦合隔离过零检测电路如图 13.5 所示。过零检测电路选用了 LM358 运算放大器作为比较器，在交流电的正半周期，比较器输出高电平，在交流电的负半周期，比较器输出低电平。设计比较器的偏置电流为 50nA，串接一个 1MΩ 的电阻，计算得到偏置电压为 50nA×1MΩ=50mV。在差分电路的同相输入端（+）和反相输入端（−）分别对系统参考地接一个 10kΩ 的电阻，从而给差分电路提供一个统一的参考基准电压。经查阅产品数据手册可知，单电源供电时，LM358 的共模输入电压的范围为 0～V_{CC}−1.5V，为确保运放的输入电压不过高，需要在 LM358 的两个输入端接两个互为反向的二极管 VD$_2$、VD$_3$，以对输入端进行限幅保护。

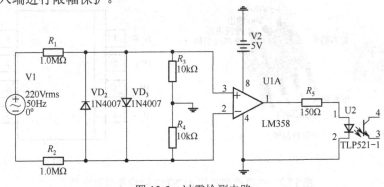

图 13.5　过零检测电路

13.5.4　加热功率控制

1．电流检测

霍尔电流传感器是一种磁电转换器件，可以测量直流、交流及脉冲电流信号，测量范围较为广泛。假如，在输入端流入的控制电流为 I_C，那么就会产生磁场，这个磁场可以产生一个垂直于电子运动方向的作用力，从而在输出端产生一个霍尔电动势 V_H。在实际设计中，可以在霍尔传感器后接运算放大器，将十分微弱的电压信号放大为可用电信号，此为开环式霍尔电流传感器。

为了提高传感器性能，利用一个补偿绕组产生磁场，通过闭环控制，使其与被测电流产生的磁场大小相等、方向相反，达到互相抵消的效果，此时，补偿绕组中的电流正比于被测电流的大小，这种传感器被称为闭环式或磁平衡式霍尔电流传感器。

根据霍尔原理制成的霍尔电流传感器的优势在于：测量的范围广泛、测量精确度高、线性度好、体积较小、便于安装等。霍尔电流传感器可以根据测量到的霍尔电势，间接测量导体中通过的电流大小，经过电-电磁场-电的绝缘隔离转换，实现交直流的电流转换，是一种新型的高性能电气检测元件。

利用基于霍尔感应原理设计的电流检测芯片 ACS712 设计的实时加热电流检测电路原理图如图 13.6 所示。ACS712 芯片是由一个精确的低偏移线性霍尔传感器电路和位于接近 IC 表面的铜箔组成的，封装及引脚定义如图 13.7 所示。

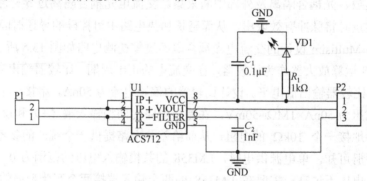

图 13.6　用 ACS712 设计的实时加热电流检测电路原理图

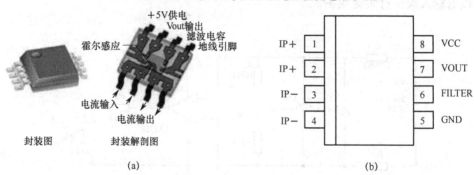

(a)　　　　　　　　　　　　　　(b)

图 13.7　电流检测芯片 ACS712 封装及引脚定义

电流流过铜箔时会产生一个磁场，霍尔元件根据磁场感应出一个线性的电压信号，经过内部的放大、滤波、斩波与修正电路处理，输出一个电压信号，该信号从芯片的第 7 脚输出，该电压信号的大小直接反映了流经铜箔电流的大小。

根据尾缀的不同，ACS712 的量程可分为±5A、±20A、±30A，灵敏度系数（Sensitivity）分别为 185mV/A、100mV/A、66mV/A。在量程范围内，输入信号与输出信号能保持良好的线性关系。对于内部斩波电路采用 5V 电源供电的 ACS712，输出电压信号为 0.5～4.5V，输出与输入的关系为 $V_{out}=0.5V_{CC}+I_p\times\text{Sensitivity}$。图 13.8 所示为量程为±30A 的 ACS712 的输出电压与检测电流的关系曲线，在检测范围内，传感器的输出电压和检测电流成正比，可实时检测加热电流，检测结果受环境温度的影响较小。

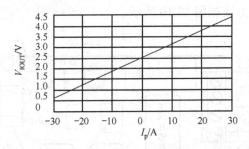

图 13.8　ACS712 的输出电压与检测电流的关系曲线

传感器输出的电压信号经内部电路的放大、滤波、斩波与修正处理后，输出一个电压信号给单片机的 A1 引脚，如图 13.9 所示，从而换算成加热电流。

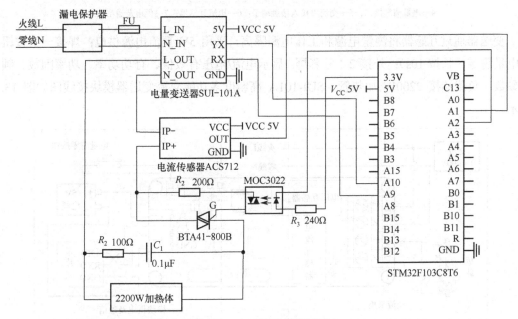

图 13.9　加热功率控制电路

2．电量参数测量

高精度隔离变送器能对模拟量进行电压和负载能力的隔离变送，避免信号间的干扰，保证信号间两两隔离、互不影响，避免系统中某个单元产生的故障对整体系统造成损坏，具有隔离性能好、线性度高、输入阻抗高、负载能力强、电压放大倍数可调等优点。

为测量大功率加热管的加热功率并实现对加热功率的实时控制，可以采用 SUI-101A 高精度多功能交流变送器。SUI-101A 可实时测量交流电流、电压、有功功率、累计电量、频率、功率因数等参数。其中，电流和电压的变送精度可达 0.2 级的超高精度。工作温度：−40～85℃；供电电压：直流 5±0.2V；最大测量电压：AC 400V；变送精度：电流及电压 0.2 级，有功功率及电量 0.5 级；通信接口：3.3V TTL 串行接口（兼容 5V）。用 SUI-101A 高精度多功能交流变送器设计的全隔离采集方案如图 13.10 所示。

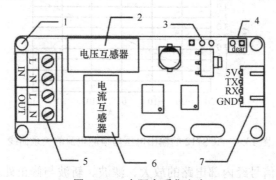

图 13.10　全隔离采集方案

1—M3 定位孔；2—电压互感器；3—2.2 寸彩屏接口；

4—电量清零接口；5—交流电接入接触端子；6—电流互感器；7—供电及通信接口

变送器通过互感器将测量电源和工作电源隔离，采用 5V 直流电源供电；焊接一个按钮用于电量清零（长按 10s）；外接 2.2 寸彩屏，显示电流/电压有效值、有功功率、功率因数、频率等参数；负载端接 2200W 加热管。SUI-101A 高精度多功能交流变送器模块接线图如图 13.11 所示。

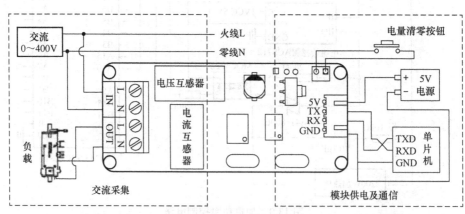

图 13.11　模块接线图

3. 热量闭环和功率闭环控制

当位于丝杆滑台底座处上的光电门检测到饮水机前已经放置了接水杯时，单片机将加热体进水口处的水温与温度设定部件设定的温度进行比较，计算出当前温度和设定温度的差值 Δt，并根据式（13.2）计算出当前水温达到设定温度所需吸收的热量 Q

$$Q = c \times m \times \Delta t \tag{13.2}$$

式中，c 为水的比热容；m 为水的质量，可以由容积与密度的乘积计算得到。

市电供电频率为 50Hz，过零检测电路输出的脉冲信号的频率为 100Hz，故控制周期 T 为 10ms，一个控制周期内的加热功率由 $P_0 = Q/T$ 计算得到。

由于霍尔电流传感器存在误差，根据器件指标，在 25℃条件下，ACS712 的误差范围为 ±1.5%。为得到更加精准的加热功率，可以通过交流电量变送器进行校准。定时中断以 100kHz 的频率调用电流检测传感器检测到的电流值 I，电量变送器以 1Hz 的频率返回电压值 V_{rms} 和功率值 P，将 V_{rms} 乘以正弦函数即可得到电压瞬时值。由于单片机程序运行正弦函数的计算速度较慢，故将正弦函数值预先写入矩阵，采用直接调用的方式以提高运算速度。

将电流检测传感器模块 ACS712 采集到的电流值 I 和计算得到的瞬时电压（$V_{rms}\sin(t)$）积分，即可得到正弦半波消耗的电量 W_{0all}。对变送器两次返回值之间的 100 个 W_{0all} 求和得到 1s 内的总功率 P_{all}，计算电量变送器返回的前 1s 的有功功率值 P 与 P_{all} 的差 ΔP，用 ΔP 校正 P，即可得到一个相对准确的 P_T。

在 100Hz 中断服务程序中

$$Q_{T+1} = Q_T - P_T \times T \tag{13.3}$$

式中，Q_{T+1} 为需要加热的热量，Q_T 为上一个控制周期需要加热的热量，P_T 为上一个控制周期的加热功率。

开启蠕动泵后，可以根据水流速度、加热体进水口处水温、预设温度值实时计算并更新所需热量 X

$$Q_{T+1} = Q_T + X \tag{13.4}$$

计算加热功率 P_{T+1}

$$P_{T+1} = Q_{T+1} \div T \tag{13.5}$$

通过比例积分微分（Proportion Integration Differentiation，PID）算法计算并控制可控硅的导通时间，不间断地更新所需的热量和加热功率，做热量闭环和功率闭环控制，直到 $Q_{T+1}=0$ 时停止加热，加热功率控制流程图如图 13.12 所示。

在温度采集及由霍尔电流传感器和隔离电量变送器采集到的数据准确的情况下，设定最大加热功率为 2000W，加热体容量为 500ml，为使水温升高 20℃，则所需加热总量为 42 000J，控制周期为 10ms，则每个周期内的最大加热量为 20J，也就是说，最终误差不大于 20J，加热最大相对误差为 20÷42 000×100% ≈ 0.05%，加热控制精度高。

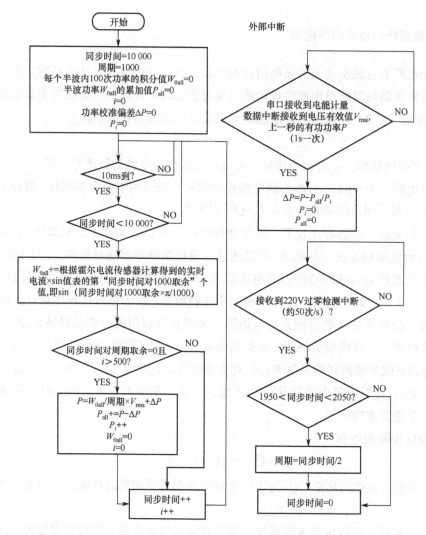

图 13.12　加热功率控制流程图

13.5.5　即热式加热

相比传统储水式加热饮水机，即热式加热具有即用即热、无须等待、水温恒定、使用方便等优点，可在短时间内使水温达到设定要求。

系统可选择采用 2200W 加热体加热食品级硅胶管内水温。在安装所选加热体时，需根据预先设计的图纸确定好安装定位孔后再进行安装。所选加热体内置温度监测模块，采用不锈钢厚膜加热技术，采用丝网印刷技术，在基材上印刷绝缘介质、电阻导体、保护釉等材料，通过高温烧结而成，具有热效高、性能稳定、安全耐用等优点。

设计中还可以增加加热功率调节旋钮，调节功率范围为 0～2000W。

13.5.6　自动出水控制

1. 水杯检测

系统复位后，由安装在丝杆滑台底座上的光电门检测饮水机前是否放置水杯。水杯检测电路包含发射管和接收管。调制管的频率为 180～250kHz，红外发射波的波长为 830nm，电流为 10mA。接收管与单片机的 A7 引脚连接，如图 13.13 所示。当饮水机前未放置水杯时，解调管能接收到光照，输出低电平；当饮水机前已放置水杯时，调制管发射的激光被遮挡，解调管电路输出高电平。

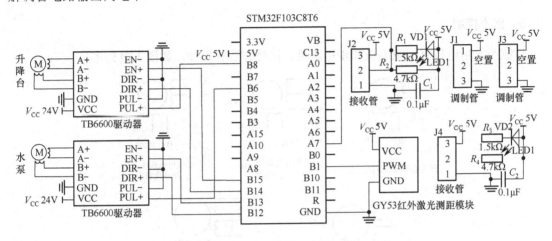

图 13.13 自动出水控制电路

2. 液位检测

常用饮水机的液位检测多采用超声波液位传感器。超声波液位传感器结构简单，读数方便，但因声波具有扇形发射特性，反射回来的干扰波较多，易出错。并且超声波液位传感器体积较大，精度低，测量精度为厘米级，故选用激光测距传感器来检测液位更为合适，激光测距传感器具有测量精度高、稳定可靠、使用寿命长、抗干扰能力强等优点，测量精度处于毫米级。

根据液位测量范围、响应频率、工作电压、工作电流、工作温度等技术参数选择合适的液位检测模块。例如，图 13.14 所示为 GY53 红外激光测距模块，将模块固定于丝杆滑台上对水杯内的液位进行检测。

图 13.14 GY53 红外激光测距模块

GY53 是一款低成本的数字红外激光测距传感器模块，采用 5V 电压供电，体积小，功耗低，安装方便。其工作原理是红外 LED1 发射管发出的光照射到被测物体后，接收管接收反射光，内置微控制单元（Microcontroller Unit，MCU），计算出时间差和距离。

　　GY53 的 PWM 引脚与单片机的 B1 引脚相连，将计算出来的距离转换成脉冲宽度调制（Pulse Width Modulation，PWM）信号输出，单片机通过 B1 引脚读取 PWM 的脉宽，从而计算出水杯内的液位高度，电路如图 13.13 所示。

3. 出水控制

控制类常用电机有伺服电机和步进电机，接线方法有多种，如图 13.15 所示。

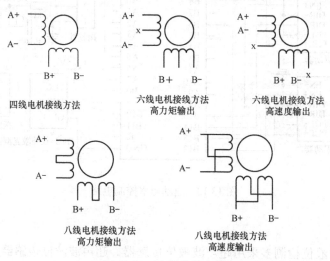

图 13.15　电机接线方法

　　伺服电机具有调速性好、输出功率高等优势，可以做速度和力矩的闭环控制，主要在大型数控产品中使用，但成本较高。步进电机控制方式简单，成本低。本设计不需要极高的速度，不需要检测电机的转速，故可选择使用步进电机。

　　系统选用两个 TB6600 型步进电机驱动器分别控制升降台的上下移动和蠕动泵泵水。

　　TB6600 型步进电机驱动器是一款专业的两相步进电机驱动器，采用 24V 直流电源供电，可实现正反转控制，具有低振动、低噪声、速度快等优点，电气参数如表 13.1 所示。

表 13.1　TB6600 型步进电机驱动器的电气参数

输入电压	DC9-40V
输入电流	推荐使用开关电源功率 5A
输出电流	0.5～4.0A
最大功耗	160W
细　　分	1，2/A，2/B，4，8，16，32
温　　度	工作温度-10～45℃；存放温度-40～70℃
湿　　度	不能结露，不能有水珠
气　　体	禁止有可燃气体和导电灰尘
质　　量	0.2kg

　　输入信号共有三路，它们是：①步进脉冲信号 PUL+、PUL−；②方向电平信号 DIR+、DIR−；③脱机信号 EN+、EN−。

　　输入信号有两种接法，可根据需要采用共阳极接法或共阴极接法。

　　（1）共阳极接法：分别将 PUL+、DIR+、EN+ 连接到控制系统的电源上，如果此电源是 +5V，则可直接接入；如果此电源大于 +5V，则须在外部另加限流电阻 R，保证给驱动器内部光耦提供 8～15mA 的驱动电流。脉冲输入信号通过 CP- 接入，方向信号通过 DIR- 接入，使能信号通过 EN- 接入，如图 13.16 所示。

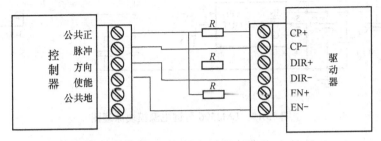

图 13.16　共阳极接法示意图

　　（2）共阴极接法：分别将 PUL-、DIR-、EN- 连接到控制系统的地端；脉冲输入信号通过 PUL+ 接入，方向信号通过 DIR+ 接入，使能信号通过 EN+ 接入。若需限流电阻，则限流电阻 R 的接法、取值与共阳极接法相同，如图 13.17 所示。

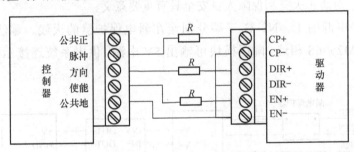

图 13.17　共阴极接法示意图

　　在图 13.13 所示的电路中，两个步进电机驱动器均采用共阴极接法，单片机输出的控制信号可分别控制升降台的移动方向、速度及蠕动泵的泵水速度等。

13.5.7　电源与漏电保护

　　本书以 24V 输出的开关电源为例进行介绍。所选的 24V 开关电源是一款 35W 单组输出封闭型电源，输出效率可达 89%，且可提供小于 0.2W 的超低空载功耗，LRS35 系列开关电源框图如图 13.18 所示。

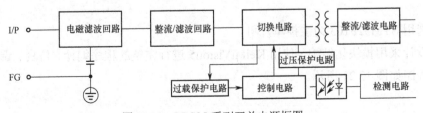

图 13.18　LRS35 系列开关电源框图

　　24V 开关电源为步进电机供电，同时并联降压模块，调节电压至 5V，为单片机和传感器供电。所选用的 LM2596 可调电源模块原理图如图 13.19 所示。

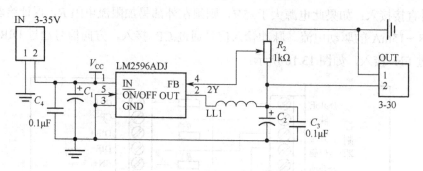

图 13.19　LM2596 可调电源模块原理图

　　为了避免因漏电而导致的火灾事故或触电事故，需要连接漏电保护器。

　　漏电保护器又叫作漏电开关，是一种新型电器安全保护装置，提供间接接触保护，也可以在特定情况下实现间接接触补充保护，避免安全事故的发生。

　　漏电开关具有动作灵活性高、切断电源时间短等特点。合理正确地安装漏电保护器，可减少电器的损坏，对防止火灾和保障人身安全具有重要意义。

　　将 24V 开关电源的 L、N、G 三端分别接在漏电保护器的火线、零线和地线；输出端与降压模块 LM2596S 相连，降压模块可输出 5V 电源，供电系统连接示意图如图 13.20 所示。

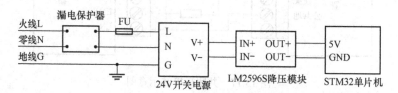

图 13.20　供电系统连接示意图

　　在系统总电源的输入端，选用了额定电压为交流 220V 的漏电保护器并接在火线和零线上，当饮水机发生漏电时，漏电保护器可自动切断电源，以保障用户人身安全。

13.6　软件设计

　　系统选用 STM32F103 为主控单片机。

　　软件设计采用模块化结构，使用 Keil μVision5 进行完整的程序编译、仿真、调试和下载，主程序流程图如图 13.21 所示。

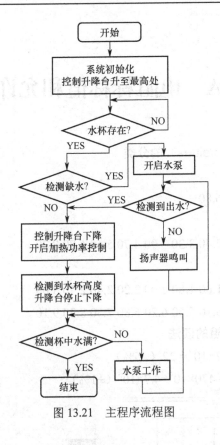

图 13.21 主程序流程图

13.7 设计总结

智能饮水机系统以 STM32F103 为主控单片机,将激光测距传感器、红外光电传感器、非接触式液位传感器、电流传感器、全隔离电量变送器、直流电源降压模块、漏电保护开关、步进电机及步进电机驱动器、即热式加热体等多种功能模块集成设计而成。系统设计中还融入了蠕动泵、升降台、丝杆滑台、壳体等机械设计。从系统设计方案制定,到各功能模块的选型等,都经过了实际验证。

在选择和使用各功能模块的过程中应注意以下问题:

(1)注意用电安全,做好漏电保护设计,采用空气开关及漏电保护开关双重防护,保障人身安全;

(2)在缺水或出现故障时,立刻发出警告并及时断电,避免发生火灾;

(3)使用食品级硅胶管材料,保证饮水卫生;

(4)电路调试时,要特别注意供电电压是否合适,极性是否接反;

(5)注意各功能模块的输入、输出逻辑电平阈值是否匹配。

附录 A 电阻标称值和允许偏差

电阻标称值（Standard Values）的分类

E-6 系列

1.00 1.50 2.20 3.30 4.70 6.80

E-12 系列

1.00 1.20 1.50 1.80 2.20 2.70 3.30 3.90 4.70 5.60 6.80 8.20

E-24 系列

1.00 1.10 1.20 1.30 1.50 1.60 1.80 2.00 2.20 2.40 2.70 3.00

3.30 3.60 3.90 4.30 4.70 5.10 5.60 6.20 6.80 7.50 8.20 9.10

直插式电阻和贴片式电阻的读法

例 1：红红黑（金）$= 22 \times 10^{0} = 22$（±5%）

例 2：黄紫黑黄（棕）$= 470 \times 10^{4} = 4.7 \times 10^{6}$（±1%）

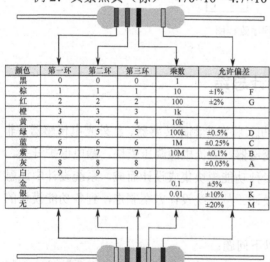

颜色	第一环	第二环	第三环	乘数	允许偏差	
黑	0	0	0	1		
棕	1	1	1	10	±1%	F
红	2	2	2	100	±2%	G
橙	3	3	3	1k		
黄	4	4	4	10k		
绿	5	5	5	100k	±0.5%	D
蓝	6	6	6	1M	±0.25%	C
紫	7	7	7	10M	±0.1%	B
灰	8	8	8		±0.05%	A
白	9	9	9			
金				0.1	±5%	J
银				0.01	±10%	K
无					±20%	M

$\boxed{103} \longrightarrow = 10 \times 10^{3} = 10\text{k}\Omega$

三位数字表示：前两位表示电阻值的有效数字，第三位表示乘以 10 的幂次。

$\boxed{1003} \longrightarrow = 100 \times 10^{3} = 100\text{k}\Omega$

四位数字表示：前三位表示电阻值的有效数字，第四位表示乘以 10 的幂次。

电阻允许偏差（Tolerance）

M	K	J	G	F	D	C	B	A
±20%	±10%	±5%	±2%	±1%	±0.5%	±0.25%	±0.1%	±0.05%

附录 B　陶瓷电容和钽电容

外形与封装

多层片式陶瓷电容

固体电解质钽电容器

读　数

注意：有些贴片式电容表面无任何标识，只能在大包装上读数！拆包后的器件只能通过测量的方法读数。

封装采用英制单位表示
（适用无极性的电阻、电容）

封装代码	英制/in	公制/mm
0402	0.04×0.02	1.00×0.50
0603	0.06×0.03	1.60×0.80
0805	0.08×0.05	2.00×1.25
1206	0.12×0.06	3.20×1.60

读　数

例 1：107/16V	例 2：C105
$107 = 10×10^7 pF=100\mu F$	$105=10×10^5 pF=1\mu F$
16V 表示额定耐压值为 16V	C 代表额定耐压值为 16V

封装采用公制单位表示
（适用有极性的钽电容）

封装代码	英制/in	公制/mm
3216	0.12×0.06	3.20×1.60
3528	0.14×0.11	3.50×2.80
6032	0.23×0.12	6.00×3.20
7343	0.29×0.17	7.30×4.30

额定电压

电压/V	4	6.3	10	16	20	25	35	50
代码	0G	0J	1A	1C	1D	1E	1V	1H

电容允许偏差

M	K	J	H	G	F	D	C	B	A
±20%	±10%	±5%	±3%	±2%	±1%	±0.5%	±0.25%	±0.1%	±0.05%

附录 C 电感

电感是闭合回路的一种属性。当线圈中有电流通过时，线圈中将形成感应磁场，感应磁场又会产生感应电流来抵制通过线圈的电流，这种电流与线圈的相互作用关系称为电的感抗，即电感，单位是亨利（H）。

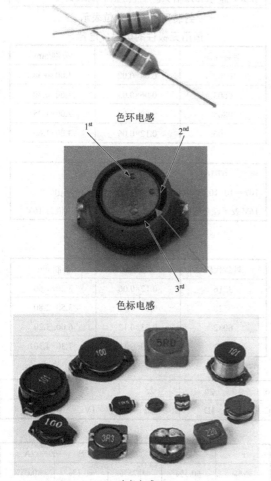

色环电感

色标电感

功率电感

读法：参考色环电阻的读法。

单位：nH
颜色：棕 绿 红 银
读数：$15×10^2$nH（$=1.5μH$），误差为$±10\%$

按如左图所示方向放置电感，顺时针依次读数。

单位：nH
颜色：红 红 橙
读数：$22×10^3$nH（$=22μH$）

单位：μH
$101 = 10×10^1 = 100μH$
$100 = 10×10^0 = 10μH$
$5R0 = 5×10^0 = 5μH$
$220 = 22×10^0 = 22μH$
$3R3 = 3.3×10^0 = 3.3μH$

颜色和数值的对应关系

颜色	黑	棕	红	橙	黄	绿	蓝	紫	灰	白	金	银
数值	0	1	2	3	4	5	6	7	8	9	$±5\%$	$±10\%$

附录 D　二极管和晶体三极管

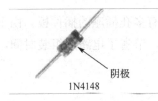

阴极

1N4148

阴极

1N4007、1N5401、1N5819、1N5822

阴极

贴片式二极管

通用二极管

型号	额定正向工作电流 I_F/A	额定正向管压降 V_F/V	额定反向工作电压 V_R/V
1N4148	0.2	1	75
1N4007	1	1.1	1000
1N5401	3	1.2	100

肖特基快恢复二极管

型号	额定正向工作电流 I_F/A	额定正向管压降 V_F/V	额定反向工作电压 V_R/V
1N5819	1	0.6	40
1N5822	3	0.525	40

贴片式二极管表面标识与型号的对应关系

标识	型号
M7	1N4007
SS14	1N5819

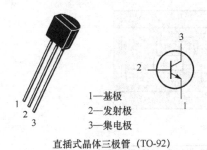

1—基极
2—发射极
3—集电极

直插式晶体三极管（TO-92）

常用 NPN 型晶体三极管：9013、9014、5551、8050

常用 PNP 型晶体三极管：9012、9015、5401、8550

1—基极
2—发射极
3—集电极

贴片式晶体三极管（SOT-23）

贴片式晶体三极管表面标识与型号的对应关系

型号	8050	8550	9013	9012
标识	Y1 或 J3Y	Y2 或 2TY	J3	2T

附录 E 面包板

面包板（集成电路实验板）是电路实验中常用的一种具有多孔插座的插件板。由于面包板可供各种器件根据需要随意插入或拔出，免去了焊接过程，节省了电路的组装时间，而且器件可以重复使用，因此非常适合在实验中使用。

E.1 结构及导电机制

面包板的结构图如图 E.1 所示，标准面包板通常分为上、中、下 3 部分。上、下两部分是由两行插孔构成的窄条，其外观和内部结构图如图 E.2 所示；中间部分是由中间的一条隔离凹槽和上、下各 5 行插孔构成的宽条，其外观和内部结构图如图 E.3 所示。

窄条上、下两行之间不连通，如图 E.2 所示。每行中每 5 个插孔为一组，左边 5 组共 25 个插孔相互连通，右边 5 组共 25 个插孔相互连通。每行中间部分的左、右两边不连通，因此窄条上共有 4 个电气节点，每个电气节点括 25 个插孔。当某一节点上连接的器件较多时，如电源、地等，可以用窄条上的 4 个多孔电气节点。

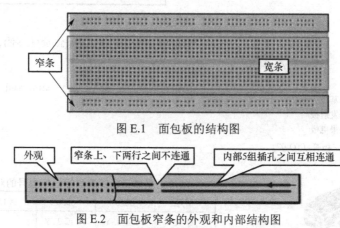

图 E.1 面包板的结构图

图 E.2 面包板窄条的外观和内部结构图

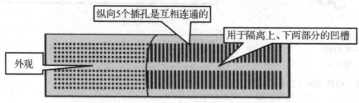

图 E.3 面包板宽条的外观和内部结构图

宽条以其中间隔离凹槽为分界线，上、下两部分不连通。上部同一列的 5 个插孔相互连通，下部同一列的 5 个插孔相互连通，紧挨着的两列插孔不连通。

双列直插式集成电路的引脚应跨接在宽条中间凹槽的两边，每个引脚分别接在有 5 个插孔的上、下两排电气节点上，每个引脚所接的电气节点上会空出 4 个插孔供连接其他器件。

E.2 使用方法及注意事项

（1）在安装分立器件时，应使其极性和标志便于看到，将器件引脚理直后，在需要的地方折弯，通常不剪断器件引脚，以便重复使用。

（2）面包板上不要插入引脚直径大于 0.8mm 的器件，以免破坏插孔内部接触片的弹性。

（3）在插入和拔出集成电路时，应使其平面保持水平，尽可能避免其引脚因受力不均而弯曲或断裂的现象。

（4）对于多次使用过的器件引脚，必须修理整齐，引脚不能弯曲，所有引脚在插向面包板时，均应整理成垂直的，这样能保证引脚与插孔之间接触良好。

（5）应根据电路原理图来确定器件在面包板上的排列方式，目的是走线方便。

（6）为了能够正确布线和便于查线，所有集成电路的插入方向应尽量保持一致，不要为了走线方便或缩短导线而把集成电路倒插。

（7）根据信号流动方向安装器件，可以采用边安装边调试的方法。

（8）为了查线方便，应采用不同颜色的导线，如正电源采用红色导线，负电源采用蓝色导线，地线采用黑色导线，信号线采用黄色导线等。

（9）在面包板上，最好使用直径为 0.6mm 左右的单股导线。根据导线的距离及插孔的长度剪断导线，线头剥离长度为 6mm 左右，要求线头全部插入底板以保证接触良好。裸线不宜露在外面，以防止与其他导线接触从而短路。

（10）导线尽量不要跨接在集成电路上，不要互相重叠，以便于查线及更换器件。

（11）在布线过程中，应把各器件在面包板上的引脚位置和标号标在电路原理图中。

（12）所有地线应连接在一起，构成一个公共参考点。

附录 F GPS-2303C 型直流稳压电源

电源是使用一切电子设备的基础。直流稳压电源可以为各种电子线路提供稳定的直流电压，当电网电压或负载电阻的阻值发生变化时，要求直流稳压电源输出的电压保持相对稳定。实验室中使用的 GPS-2303C 型直流稳压电源是由两组相互独立、性能相同、可连续调整的直流稳压电源组成的。它具有过载保护及反向极性保护功能，可应用于逻辑线路和追踪式正、负电压误差非常小的精密仪器系统。

F.1 性能指标

GPS-2303C 型直流稳压电源有 3 种工作模式：独立输出模式、串联追踪输出模式和并联追踪输出模式。其主要性能指标如下。

输入电压：220（±10%）V，50Hz 或 60Hz。

独立输出模式：两路独立的直流稳压电源输出（输出电压为 0～30V，输出电流为 0～3A）。

串联追踪输出模式：输出电压为 0～60V，输出电流为 0～3A。

　　　　　　　　电源变动率≤0.01%+5mV。

　　　　　　　　负载变动率≤300mV。

并联追踪输出模式：输出电压为 0～30V，输出电流为 0～6A。

　　　　　　　　电源变动率≤0.01%+3mV。

　　　　　　　　负载变动率（额定电流≤3A）≤0.01%+3mV。

　　　　　　　　负载变动率（额定电流>3A）≤0.02%+5mV。

纹波和噪声（5Hz～1MHz）：CV≤1mV。

纹波电流：CA≤3mA。

F.2 前面板介绍

GPS-2303C 型直流稳压电源的前面板如图 F.1 所示。

（1）POWER——电源开关。

（2）Meter V——显示 CH1 的输出电压。

（3）Meter A——显示 CH1 的输出电流。

（4）Meter V——显示 CH2 的输出电压。

（5）Meter A——显示 CH2 的输出电流。

（6）VOLTAGE——调整 CH1 的输出电压，并在并联或串联追踪输出模式时，用于调整最大输出电压。

（7）CURRENT——调整 CH1 的输出电流，并在并联追踪输出模式时，用于调整最大输出电流。

（8）VOLTAGE——在独立输出模式时，用于调整 CH2 的输出电压。

（9）CURRENT——在独立输出模式或串联追踪输出模式时，用于调整 CH2 的输出电流。

（10）C.V./C.C.指示灯——当 C.V./C.C.绿灯亮时，CH1 的输出为恒压源；当 C.V./C.C.红灯亮时，CH1 的输出为恒流源。

（11）C.V./C.C.指示灯——当 C.V./C.C.绿灯亮时，CH2 的输出为恒压源；当 C.V./C.C.红灯亮时，CH2 的输出为恒流源。

（12）OUTPUT——电源输出开关，用于打开/关闭输出。当打开输出时，输出状态指示灯亮。

（13）"+" 输出端子——CH1 正极输出端子。

（14）"−" 输出端子——CH1 负极输出端子。

（15）GND 端子——地和机壳接地端子。

（16）"+" 输出端子——CH2 正极输出端子。

（17）"−" 输出端子——CH2 负极输出端子。

（18）TRACKING——通过这两个按键可选择工作模式为独立输出模式、串联追踪输出模式或并联追踪输出模式。

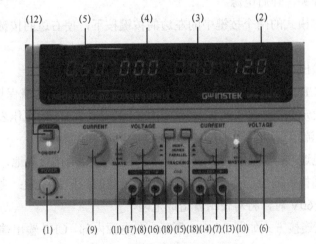

图 F.1　GPS-2303 型直流稳压电源的前面板

F.3　操作方法

GPS-2303C 型直流稳压电源具有恒压、恒流自动转换功能：在作为电压源使用时，当输出电流达到预定值时，会自动将电压输出转换成电流输出；在作为电流源使用时，当输出电压达到预定值时，会自动将电流输出转换成电压输出。

GPS-2303C 型直流稳压电源有 3 种工作模式：独立输出模式、串联追踪输出模式和并联追踪输出模式。

1. 独立输出模式

当设定为独立输出模式时，CH1 和 CH2 为独立的两组电源，可单独使用或两组同时使用，连接方式如图 F.2（a）所示。

在设定电流的限制下，独立输出模式给出两组独立的电源 CH1 和 CH2，分别可以提供 0 至设定值范围内的输出电压，设定流程如下。

（1）按下电源开关，开启电源。

（2）使设定工作模式的两个按键同时弹起，设定电源为独立输出模式。

（3）按下电源输出开关，输出状态指示灯点亮。

（4）选择输出通道，如 CH1，将 CH1 的输出电流调节旋钮调至设定的限流值（超载保护），将 CH1 的输出电压调节旋钮调至设定的电压值。

2. 串联追踪输出模式

当设定为串联追踪输出模式时，在电源内部，CH2 输出端的正极自动与 CH1 输出端的负极连接，此时 CH1 为主电源，CH2 为从电源，调节 CH1 的输出电压调节旋钮可以同时调节 CH1 和 CH2 的输出电压，设定流程如下。

（1）按下电源开关，开启电源。

（2）将设定工作模式的两个按键中的左边的按键按下，使右边的按键弹起，设定电源为串联追踪输出模式。

（3）按下电源输出开关，输出状态指示灯点亮。

（4）将 CH1 和 CH2 的输出电流调节旋钮调至设定的限流值（超载保护），将 CH1 的输出电压调节旋钮调至设定的电压值。此时实际输出的电压值为 CH1 的电压表头显示的电压值的 2 倍，实际输出的电流值可以直接从 CH1 或 CH2 的电流表头读出。

（5）单电源供电连接方式如图 F.2（b）所示，CH2 的负端接负载地，CH1 的正端接负载的正电源，此时两端提供的电压为主控输出电压显示值的两倍。注意：当串联追踪输出模式的输出电压超过 DC 60V 时，将对使用者造成危险。

（6）双电源供电连接方式如图 F.2（c）所示，在电源内部，CH2 输出端的正极自动与 CH1 输出端的负极连接后一起作为参考地，此时 CH2 的负端相对于参考地输出负电压，CH1 的正端相对于参考地输出正电压。

3. 并联追踪输出模式

当设定为并联追踪输出模式时，CH1 为主电源，CH2 为从电源。在电源内部，CH1 输出端的正极和负极自动与 CH2 输出端的正极和负极两两互相连接，此时，CH1 的电压表头显示两路并联电源输出的电压值,输出连接方式如图 F.2(d)所示,设定流程如下。

(1)按下电源开关,开启电源。

(2)将设定工作模式的两个按键同时按下,设定电源为并联追踪输出模式。

(3)按下电源输出开关,输出状态指示灯点亮。

(4)在并联追踪输出模式下,CH2 的输出电压和输出电流完全由 CH1 的输出电压调节旋钮和输出电流调节旋钮控制,并且 CH2 的输出电压和输出电流追踪 CH1 的输出电压和输出电流,即两路输出值同时变化。将 CH1 的输出电流调节旋钮调至设定的限流值(超载保护),将 CH1 的输出电压调节旋钮调至设定的电压值,电源实际输出的电流为主电流表头显示值的两倍,CH1 的电压表头显示的是实际输出电压。

4. 最大限流值的设定

(1)用测试导线将某一路电源的两个输出端短接。

(2)顺时针旋转输出电流调节旋钮至 C.V./C.C.指示灯变为绿色电压指示灯亮,然后顺时针旋转输出电压调节旋钮至 C.V./C.C.指示灯变为红色电流指示灯亮。

(3)将输出电流调节旋钮调至设定的限流值,该限流值会显示在对应的电流表头上。一旦设定最大限流值,就不可以再旋转输出电流调节旋钮。

(4)去掉输出端的测试短路线,最大限流值设置完成。

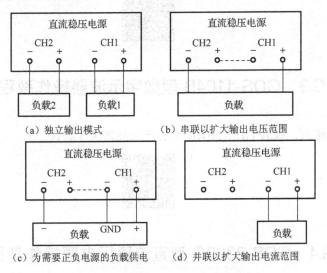

图 F.2 直流稳压电源几种连接方式

附录 G　常用仪器使用操作教程

G.1　C.A5215 型数字万用表操作教程

扫描下面的二维码，观看 C.A5215 型数字万用表操作教程。

G.2　DG1032Z 型波形发生器操作教程

扫描下面的二维码，观看 DG1032Z 型波形发生器操作教程。

G.3　GDS-1104B 型数字示波器操作教程

扫描下面的二维码，观看 GDS-1104B 型数字示波器操作教程。

G.4　GPS-2303C 型直流稳压电源操作教程

扫描下面的二维码，观看 GPS-2303C 型直流稳压电源操作教程。

附录 H   常见问题视频详解

H.1   面包板使用常见问题

扫描下面的二维码，观看面包板的结构、导电机制、使用方法及在面包板上安装电子元器件的常见问题视频解析。

H.2   C.A5215 型数字万用表使用常见问题

扫描下面的二维码，观看 C.A5215 型数字万用表的使用常见问题。

H.3   电源、示波器、信号源使用常见问题

扫描下面的二维码，观看电源、示波器、信号源的使用常见问题。

参 考 文 献

[1] 康华光. 电子技术基础——模拟部分[M]. 5 版. 北京：高等教育出版社，2006.

[2] 程春雨，商云晶，吴雅楠，等. 模拟电路实验与 Multisim 仿真实例教程[M]. 北京：电子工业出版社，2020.

[3] 程春雨，吴雅楠，高庆华，等. 模拟电子线路实验与课程设计[M]. 北京：电子工业出版社，2016.

[4] 赵广林. 常用电子器件识别/检测/选用一读通[M]. 北京：电子工业出版社，2007.

[5] 谢礼莹. 模拟电路实验技术（上册）[M]. 重庆：重庆大学出版社，2005.

[6] 李震梅，房永刚. 电子技术实验与课程设计[M]. 北京：机械工业出版社，2011.

[7] 陈军. 电子技术基础实验（上）模拟电子电路[M]. 南京：东南大学出版社，2011.

[8] 武玉升，高婷婷. 电子技术设计与制作[M]. 北京：中国电力出版社，2011.

[9] 王久和，李春云，苏进. 电工电子实验教程[M]. 北京：电子工业出版社，2008.

[10] 唐颖，李大军，李明明. 电路与模拟电子技术实验指导书[M]. 北京：北京大学出版社，2012.

[11] 李景宏，马学文. 电子技术实验教程[M]. 沈阳：东北大学出版社，2004.

[12] 陈瑜，陈英，李春梅，等. 电子技术应用实验教程[M]. 成都：电子科技大学出版社，2011.

[13] 董鹏中，张化勋，马玉静. 电子技术实验与课程设计[M]. 北京：清华大学出版社，2012.

[14] 张淑芬，王彩杰，周日强，等. 模拟电子电路设计性实验指导书[M]. 大连：大连理工大学，2000.

[15] Walt Jung，等. 运算放大器应用技术手册[M]. 张乐锋，张鼎，等译. 北京：人民邮电出版社，2009.

[16] 张凤霞，汪洁，李自勤. 模拟电子技术[M]. 2 版. 北京：电子工业出版社，2017.

[17] 毕满清，王黎明，高文华. 模拟电子技术基础[M]. 2 版. 北京：电子工业出版社，2015.

[18] 黄智伟，黄国玉，王丽君. 基于 NI Multisim 的电子电路计算机仿真设计与分析[M]. 3 版. 北京：电子工业出版社，2017.

[19] 王远，张玉平. 模拟电子技术基础[M]. 北京：机械工业出版社，2007.

[20] 江晓安，董秀峰. 模拟电子技术[M]. 西安：西安电子科技大学出版社，2009.

[21] 林建英，吴振宇. 电子系统设计基础[M]. 北京：电子工业出版社，2011.

[22] 周润景. 医用电子电路设计应用[M]. 北京：电子工业出版社，2017.

[23] MSP430x5xx and MSP430x6xx Family User's Guide.

[24] TI-F6638 实验指导手册.

[25] 陈育斌，秦晓梅，等. PIC18F452 单片机应用教程[M]. 4 版. 大连：大连理工大学出版社，2018.

[26] 郭天祥，等. 新概念 51 单片机 C 语言教程[M]. 2 版. 北京：电子工业出版社，2018.

[27] 武林，陈希等. 综合电子系统设计与实践[M]. 北京：北京大学出版社，2015.

[28] 李朝青，等. 单片机原理及接口技术[M]. 5 版. 北京：北京航空航天大学出版社，2017.

[29] 肖景和. 555/556 时基集成电路精选[M]. 北京：中国电力出版社，2010.